「山の不思議」発見！

謎解き登山のススメ

小泉武栄

ヤマケイ新書

はじめに

この本は、自然をよく見ながらゆっくりと山に登る「知的登山」のためのガイドブックです。
日本の山はそれぞれがじつに個性的で、ひとつとして同じものがありません。お花畑や残雪、湿原などに恵まれた高山帯の風景は美しく、その下方はシラビソやブナなどの森に覆われ、その間を清流が流れています。美しい滝や渓谷もたくさんあります。火山も多く険しい岩山もあります。日本人はそうした山を畏敬し、信仰の対象とし、ときには地震や噴火、山崩れなどの自然災害に悩まされながらも、山や自然の豊かな恵みに感謝しつつ生きてきました。日本人の登山は縄文時代にまで遡り、山との付き合いはさまざまな民俗文化や寺、神社などにも結晶しています。

そんな日本の山ですからただ登るだけでもいいのですが、この本で私がすすめたいのはゆっくり山を歩いて自然をじっくりと観察し、自然の謎を発見してそれを解いて楽しむという、新しいタイプの登山です。これを仮に「知的登山」と呼ぶことにしましょう。知的登山ではたとえば、コマクサを見たらその生えている場所を観察し、さらにそこの気候や地形、地質も見て、「なぜそこにコマクサが生えているのか」を探ります。こうすることによって山の自然を見る目が次第に広がります。そしてそれを繰り返すうちに、山の生い立ちから山をつくる岩石、さまざまな地形、土壌、さらにそこに生えている植物までが一連の「つながり」として理解できるようになります。

言い換えれば、山のある場所を見た場合、そこには必ずある種類の岩があります。その岩は風化したり侵食されたりして、岩峰やなだらかな斜面、砂礫《されき》地などさまざまな地形をつくります。斜面には大小の岩屑《がんせつ》や岩塊が載るほか、ときには基盤が露出し、ときには火山灰や残雪が載っていたりします。しかし条件が許せばそこにはいずれなんらかの植物が生え、土壌も出来ます。するとその植物をチョウの幼虫（毛虫）が食べたり、ライチョウやカモシカが食べたりします。

こんなふうに山の自然はいろいろな面でつながっています。そこで、私はこのような地質から始まるボトム・アップ的な自然の把握の仕方を「山の自然学」と名づけました。これは山の自然に「学」をつけたことから始まったものですが、自然をまとめて把握する上で大変有効な考え方だと思っています。

さて知的登山は別の言い方をすれば、「謎解き登山」ということになります。やってみるとけっこう面白いので、私と一緒に山に登ったことのある人の中にはこうした登山のファンになり、謎解きをしながら山の自然を楽しんでいる人がたくさんいます。

たとえば、富士山の宝永《ほうえい》火口の中には、オンタデやイタドリの優占する砂礫地の中に、ほんの一角だけですが、イワオウギやミネヤナギの密生する場所があります（21ページ、写真1-2）。なぜそこだけいろいろな植物の生育が可能なのか、とても不思議です。どうしてこんなことが起こったのでしょうか（この謎解きは第1章でします）。

山の中で子供時代を過ごしたせいか、あるいは原始人に先祖帰りしたせいかよく分かりませんが、私はなぜか山の自然の不思議に気がつく能力があるようで、これまでいろいろな山に登っては山の不思議を発見し、飽きることなくその謎解きを行ってきました。生物学者のレイチェル・カーソン風に言えば「センス・オブ・ワンダー」、つまり不思議を感じる感覚を持っているということになるのでしょう。この本はいわばそうした不思議発見と謎解きの成果です。先に述べたように、日本列島の山はじつに多彩で不思議に富んでいます。そのため私は長年調査にあたりながら飽きることがまったくありませんでした。特にここ10年ばかりは日本の山が面白くて、海外には2、3回しか出かけていないほどです。

この本では、私が実際に行った謎解きの事例をいくつか紹介します。その際、問題を発見したところから答えを導くまで、謎解きの過程を順番に書きました。普通の山の本では「この山にはこんな植物が生えています」で終わっていて、なぜ生えているのかといった謎解きはしませんから、初めての人の中には難しいと思う人が多いかもしれません。でも一度はこの本で思考の過程をなぞってみてほしいのです。次第に楽しさが分かってくると思います。そしてその後はぜひ自分でやってみてください。

知的登山では山頂へ行かなくてもいっこうにかまいません。自然を見ながらゆっくり歩いて道草を食うのが面白いので、途中でやめて戻っても何も問題はないのです。また百名山のような高い山に登らなくてもいいし、低い山なら低い山で高い山とは違ったことが楽しめます。どちらかというと高山植物の好きな中高年の方々に向いた登り方と言えますが、若い人が参加しても十分に楽しめ、山の自然をよく理解したという満足感が得られるでしょう。必要なのは好奇心だけです。

私の周りには「山遊会」という、知的登山や野外観察を趣味にしているグループがあります。私はその会の顧問であり、ガイドも務めています。発足してもう15年ぐらい経つので、会員の皆さんもそれだけ歳を重ね、今では平均年齢70何歳かになってしまいましたが、依然として好奇心旺盛で精神も肉体も若く、疲れを知らずに日本中（ときには海外まで）を歩き回っています。どなたも実年齢よりもはるかに若く見え、さっぱり歳をとりません。頭を使いながら野外を歩き回ることは間違いなく老化防止に役立っています。

団塊の世代の多くが退職し、山に登る人たちが増えてきました。私も団塊の世代の一員ですが、この世代はまだ元気で知的レベルも高く、そこそこに蓄えもあります。老後に備えるのも大事ですが、もう十分働いてきたのですから、これからは悠々と遊んだり旅行したりすることを考えてはいかがでしょうか。

なおこの本で提案した知的登山もそうですが、日本各地にできたジオパークを訪ねることもおすすめです。なかなか面白いところが多く、ガイドの人に案内してもらうと本当に楽しい旅行ができます。こちらもぜひご検討ください。なお小著『観光地の自然学　ジオパークに学ぶ』（古今書院）は北長門《きたながと》海岸や足摺《あしずり》岬、岩手山など15ほどのジオパークやその候補地域について地生態学的視点から紹介しています。植物好きの皆さんはぜひご一読ください。

本書の執筆にあたり、たくさんの人のお世話になりました。調査資料を提供していただいた難波清芽《さやか》さんと竹内真冴也《まさや》さん、図の転載を許可してくださった岡秀一さん清水長正さん、水野一晴さん、野外調査を手伝ってくださった関秀明さんをはじめとするゼミＯＢの皆さんと小池忠明さんをはじめとする社会人の皆さん、本書執筆の機会を与えていただいた山と溪谷社の萩原浩司さん。以上の皆様に厚く御礼申し上げます。ありがとうございました。

小泉武栄

目次

第4章　八ヶ岳　コマクサはスコリアがお好き？

装丁　尾崎行欧デザイン事務所
編集　中川編集事務所
DTP　関川一枝
写真図版　小泉武栄

第1章
「なぜ？」から始まる知的登山

最初から私の文章でなくて恐縮ですが、まずは私のゼミの卒業生のFさん（女性）が書いた次の文をご覧ください。

ありがとう、自然地理ゼミ内「軟式山岳部」

「えりちゃん、もう槍ヶ岳しか残ってないよ。大丈夫？」

今からちょうど30年前の大学1年生の夏休み前、ゼミでは恒例の修論、卒論の調査地のグループ分けをしていました。バイトの日程を考えながらモタモタしていた私は、1年生全員が避けまくっていた「槍ヶ岳」に当たってしまったのでした。

じつは高尾山にも登ったことがない……などという告白もできないまま、当時3年生でワンゲル部所属だった関さんに付き添われて、登山靴やくつ下、雨具に水筒などなど買いそろえ、ザックの詰め方のレクチャーなども受けて、なんとなくの不安感を日々かかえたまま出発の日を迎えたのでした。

私に任された荷物は昼食用の食パンと大量の揚げ肉、自分の分のお米だったような……。もちろん一行の中では一番重量が少ないのですが、それでも20キロ弱はあったでしょうか。

朝出かけるときに、あまりにも本格的な私のいでたちを見て驚いた父が、「大丈夫なのか」と声をかけました。ああ、お父さん、すごく不安だけど行かねばならぬのです。

1日目は電車やバスを乗り継いで上高地まで行き、そこから横尾のキャンプ場まではほぼ平坦道。ここまでは大丈夫。生まれて初めて見た上高地は「本当にここは日本か……」といたく感動したものでした。

さあ、問題は2日目です。早朝に出発し、槍ヶ岳直下のキャンプ場を目指します。まー大変でした。最初に心がくじけそうになったのは、沢に丸太を渡してあるだけの橋。みんなさっさと渡っていきますが、高所恐怖症の私には1メートルほどの高さでも怖い、足がすくみます。しかも丸太だけ。ああもう帰りたい……。これが何カ所かありましたね。それでも置いていかれるわけにはいかず、なんとか落っこちずに渡りきり必死でついていきました。

気が遠くなるというのを初めて体験しました。レモンをかじってもまったく味がしないというのも初めて体験しました。昼食時には私が担当した食パンの出番があり、原形をとどめたまま運んできたと称賛されましたが、疲労困憊の私はそれどころではございません。

それでも終盤、登りがきつくなりガレ場が多くなってきてからは、私に合ったペースと登り方を教えてもらい（えー、こんなんでいいのー！　というほどゆっくりのペースです）、少し楽になりました。最後は先に目的地に着いた先輩が下りてきて、私のザックを背負ってくださったので、カラ身で登りました。その先輩がどなただったか、修論当事者の田村光穂さんだったか、同じく修士2年だった沢辺さんだったか……覚えていません、すいません。感謝しています。

そうやってやっとキャンプ地に着いたのでした。標高は3000メートルを超えています。あー着いたー、と安心しましたが、なんか身体が変です。息を吸っても空気が完全に肺に行かない感じでちょっと苦しい、頭も重い。もしかしてこれが高山病……？　とにかくなんとか食事を終え、早めに寝かせていただきました。もう本当に息が苦しいのと情けないのとで、泣けてきましたね。

明けて次の日。目覚めた私は頭がスッキリしていることに気づきます。呼吸も普通にできる。起きてみると昨日と打って変わって身体が軽い。ありがたい、身体が慣れたようです。

身体が元気になればこっちのものです。もともと調査要員からは外されている1年生。やる仕事といったらメシ炊きと雑用だけ。父子家庭で育っている私にとってメシ炊きはお任せあれでしたし、どこででも寝られる自信があるのでテント生活も苦になりません。用命されたメタ&白ガス乞いも各テントからわりに恵んでいただけ、先輩方からお褒めの言葉を頂戴しました。

その日のうちに手のあいた女性陣と槍ヶ岳のてっぺんに登り、次の日は大喰岳《おおばみだけ》辺りまで行ってみたりと、遊びほうだいでした。

（中略）

このように山の上を満喫し、私の初めての登山は終わりました。

ここで得た教訓は2つ。とにかく一歩一歩足を運べば必ず目的地に着くということ。もうひとつは、なんとか山の上に登ってしまえばこっちのものということ。この教訓を胸に卒業までに白馬岳2回、蝶ヶ岳、木曾駒ヶ岳などに行かせていただきました。

（中略）

学生時代のたった4年間ですが、森林限界より上のあの世界を味わうことができたのは、自然地理ゼミに入っていたからこそであり、宝石のような経験でした。至福の時でした。ありがとうございました。


この文章は、私の東京学芸大学退職にあたって、ゼミのＯＢ会が発行してくれた記念文集の中から再録したものです。高尾山にも登ったことがなかった大学1年生が、気が遠くなるような思いをしながら槍ヶ岳に登り、そこで高山の魅力に取りつかれるまでの過程が淡々と、でもユーモアを込めたなかなかの名文で書かれています。自分のことのように感じた人も多いことでしょう。もちろん彼女は遊んでばかりいたわけではなく、後半では調査を手伝い、今回の調査で何が分かったのかを全員で検証するために山の上を歩き回りました。その途中で地形や地質、高山植物についてもいろいろ学んだはずです。

タイトルに出ている「軟式山岳部」というのは、私のゼミは大学のゼミなのに夏は山岳部のように山に登ってばかりいることから、誰かが半分ふざけて命名したものです。


ただ普通に登山しているだけではほとんど気がつかないと思いますが、山には不思議なことがたくさんあります。私たち研究者はその謎を発見し、謎解きに取り組みます。「はじめに」で紹介したように、富士山の宝永《ほうえい》第一火口（写真1-1）の中にはほんの一角だけですが、イワオウギやミネヤナギなどの密生する場所があります（写真1-2）。なぜそこだけにいろいろな植物の生育が可能なのか、とても不思議です。そこで謎解きが始まります。

まず調査許可を取り、群落のあるところとその周辺で植生調査を行います。その際、群落のあるところとないところでは何が違うのかを調べます。土壌、表層を覆っている物質、傾斜、斜面の向き、風当たり、雪の残り方などなど。足で踏んだときの感触も大事です。この場合、そっと歩いたときに群落のある部分だけ表面がよく締まって安定していることが分かり、それが決め手になりました。

1-1 宝永第一火口

1-2 第一火口内の植被地（中央左の楕円形の部分）

表層を覆っている物質を見ると溶岩のかけら（スコリア）がつぶれ、お互いにくっつきあったような形をしています。このことから私は表層の地質が、宝永噴火の際に第一火口から噴出した溶岩のかけらがそのまま落下してきてつぶれ、お互いにくっつき合ったものだと判断しました。第一火口内にはこの溶岩のかけらが8メートルほどの厚さで堆積しています。この堆積物の上だけは表面が安定していますので、噴火後300年経ってイワオウギなどの群落が出来たのだと考えることができます。300年もかかってまだこの程度かと言われそうですが、一部にはカラマツが生育を始めていますので、植生の遷移が遅すぎるということはないと思います。

一方、宝永山の火口は第一から第三まで3つありますが、火口内の斜面はここ以外すべて火山砂や細かいスコリアと溶岩が欠けてできた岩屑《がんせつ》で出来ており、乗ると足元がザクザクと崩れるほど不安定です。これでは植物は、こんな環境に強いオンタデとイタドリぐらいしか生育できません（写真1-3）。この状態はまだ当分の間、続きそうです。

このように、手順としてはまず現地をよく観察して、多分これが原因だろうという予測を立てます。それが作業仮説になります。次にその仮説をどう証明したらいいかを考えます。いくつかの方法が考えられますが、ここの場合、表層地質の調査や土壌の硬さの調査がそれに該当します。次にデータを集め、仮説が正しいかどうかを検討します。いいデータが取れない場合は仮説が間違って

1-3 第一火口を上から見下ろす。火口内のオンタデ群落（手前）とイタドリ群落（奥）

いるわけですから、仮説を修正して改めてデータを集めます。これを繰り返して最後は論文に仕上げ、学会誌に投稿します。

この作業は途中で「ああ、こうだったのか」といろいろ発見があり、本当に楽しいものです。じつは私のゼミでは私が退職する前、15年近くにわたって社会人が7、8人常連で参加していました。私が誘ったわけではなく、口コミでいつの間にか参加するようになったのです。彼らは学生や院生の発表に質問やコメントをするだけでなく、高山や火山、低山、丘陵、河川などで行われる学生や院生の調査にも積極的に加わり、データ集めに協力してくれました。一緒に調査をしていると今まで見えなかったものが見えてきたり、いろいろ気がついたりすることもあり、それがとても面白く楽しいというのです。もともと知的レベルが異常に高い人達が多かったのですが、退職後もそれまでのレベルを保つために私のゼミはまことに居心地のいい場所だったようです。この間、彼らはすでに知的登山を行っていたと言っていいでしょう。

繰り返しになりますが、この本で私が言いたいことは、身体を使う登山だけでなく、頭を使う知的な登山をしようということです。すでに述べたように、山の自然をよく観察して自然の謎に気づき、いろいろ考えて謎解きをする。じつに楽しく面白い登山です。それを通じて山の自然の本当の価値に気づくこともできます。

残念ながら日本人の大半はこの楽しさを知りません。せいぜい高山植物を観察したり、名前を確かめたり、山頂からの展望を楽しんだりするくらいのものでしょう。ドイツやイギリスなどと異なり、日本では自然の歴史（自然史）や自然景観に関する事柄が学校の授業ではほとんど扱われません。たとえば皆さんは氷河時代のことを何か知っていますか？　市民講座などで講義を受けたことがある人はある程度分かっていると思いますが、そういう体験のない人はほとんど知らないはずです。恐竜の滅亡の原因が氷河時代だと思っている人も少なくないのではないでしょうか（これは間違いです）。山の好きな人なら高山のカール、モレーン、U字谷などは氷期の氷河がつくった地形だということを聞いたことがあるでしょう。しかし東京の武蔵野台地のように身近にある台地や坂、段丘、湧水、高山で見られる大きな岩が累々と堆積した岩塊斜面、日本列島の動植物の分布、オーストラリア大陸の特異な動物分布、あるいは日本列島を取り巻く大陸棚の形成などが、氷河時代に関係していることなどはおそらくご存じないでしょう。私たちの身近にある自然の大半は氷河時代に出来たと言っても過言ではないのです（この点については小著『山の自然教室』〈岩波ジュニア新書〉、『日本の山と高山植物』〈平凡社新書〉をご覧ください）。ちなみにドイツ・バイエルン州（アルプス北麓、州都はミュンヘン）のギムナジウム（日本の小学校5年〜高校までを併せた学校）では、日本の小学校5年にあたる学年でアルプスの氷河やモレーン、迷子石《まいごいし》（氷河が運んできた大きな岩）や、氷河時代には海面が下がって西ヨーロッパ全体がつながっていたことなどを学習します。

わが国の理科教育は明治以来、ずっと科学技術に重点が置かれてきました。これは現在でも変わらず、理科といえば物理、化学と、遺伝子や分子生物学を中心とする生物学の一部だけが大事にされています。地学や自然地理、自然史の知識は人生を豊かにしてくれる大切な教養なのですが、政府の科学技術偏重のせいで、中高年の人たちや若者が自然史について学ぶことはほとんどできないでいます。まことに残念なことです。

さて自然史の知識がないとなれば、山小屋などで幅を利かせるのはやはり日本百名山の愛好者でしょう。俺は70登ったぞ、俺は完登した、次は二百名山だと意気軒昂です。登山はスポーツでもあるのでこれはこれでひとつの考え方ですが、先に述べたように、きれいな高山植物が咲いていたり湿原が美しい景観をつくっていたりしてもほとんど見向きもせず、登った山の数が増えることだけが楽しみという人が多く見受けられるのは、私にはなんとも残念でもったいないとしか言いようがありません。

私もときどき頼まれて山で自然観察ガイドをすることがあります。その場合の大前提は頂上に立つことではなく、途中で見たり考えたりする過程を大切にするということです。「この植物はなぜここに生えているのか」、「ここの地面はなぜザクザクしているのか」、「このカラマツはなぜこんな形をしているのだろう」、「この岩はなぜここにあるのか」などと、私は観察の途中で参加者の皆さんにいろいろと質問し、後で説明します。大人になってから質問されるのを嫌がる人もいますが、最初は誰でもうまく答えられなくて当然ですから、あまり気にすることはありません。考えてもらうきっかけのための質問ですから気楽に答えてもらえばいいのです。

ここでゼミOBの別の女性Wさんに登場してもらいましょう。こちらは私の退職記念の東京学芸大学地理学会の雑誌（『学芸地理』67号）から再録したものです。

「不思議」で溢れた世界

初めて行った小泉先生との巡検は山梨県の猿橋《さるはし》でした。フィールドで最初に問われたのが桂川《かつらがわ》に猿橋が架かる渓谷の出来方でした。「なぜここに渓谷が出来たのか」

初めて問われたときは分かるわけがないと思っていました。その後も絶え間なく「なぜ」と問われ続け、その日は頭の中が先生の問う「なぜ」でいっぱいでした。それまでなかなか触れる機会がなかった自然に魅了され、消化しきれない「なぜ」に満たされて今にも頭がパンクしそうな状況がなぜか心地よく面白く、私は小泉研究室の門をたたいたのです。猿橋は私の小泉研究室生活のスタートラインとなりました。

（中略）

小泉研究室に入ったその日からさまざまなフィールドへ行き、先生に「なぜ」と問われ続けましたが、最後までまともに先生の「なぜ」に答えられたことはなかったような気がします。

しかし先生に「なぜ」と問われ続けるうちに、「なぜ」にその場で答えることも重要だけれども、そもそもそこに「なぜ」を発見することがもっと重要なのだと教わりました。何気なく過ごしている場所が、何気なく通り過ぎてしまう景色が、じつはたくさんの「不思議」で満たされているということを教えていただきました。

（中略）

これからも「不思議」をたくさん見つけて、その「なぜ」をじっくり考えながら過ごしていきたいと思います。

（後略）

山梨県の猿橋は「日本三奇橋」のひとつといわれる観光地ですから、訪ねたことがある人も多いと思います（写真1-4）。しかし大半の人が橋を見てすぐに帰ってしまい、橋のすぐ下にある渓谷がなぜ出来たのかなどと考える人はほとんどいないようです。せっかく訪ねたのにもったいないことです。

前記のWさんの場合のように、私はここでもよく観察会をします。橋を見た後、渓谷を上流側に向かって少し歩き山道を下っていくと、左前方に広い桂川が見えてきます。そこから眺めると、それまで西からほぼ真っすぐに流れてきた桂川が流路を急に北側に曲げ、その先で猿橋のある狭い渓谷をつくったことが分かります。

1-4 猿橋は深さ約30メートルの桂川狭隘部に架かる橋で、橋げたの代わりに両岸から張り出した4層のはね木が支える（大月市観光協会提供）

そこで最初の質問です。「桂川はなぜ急に流路を曲げたのか」。答えを得るためには辺りを歩き回って地形や地質を観察する必要がありますが、何人もが集まってわいわい議論しながら観察していくと、川の右岸の崖に出ている厚い溶岩層（写真1-5）に原因があることが分かってきます。そこで第2の質問、「なぜこんなところに厚い溶岩の層があるのか」……。

まあこんな具合で、この日の観察会（巡検といいます）の参加者は次々に繰り出される私の質問に翻弄されます。しかし順番に考え答えていくうちに、猿橋の渓谷がどのような過程を経て出来上がってきたのかを理解できることになるわけです。簡単に言ってしまえば、溶岩は9000年ぐらい前に富士山から流れてきたもので、その溶岩が谷

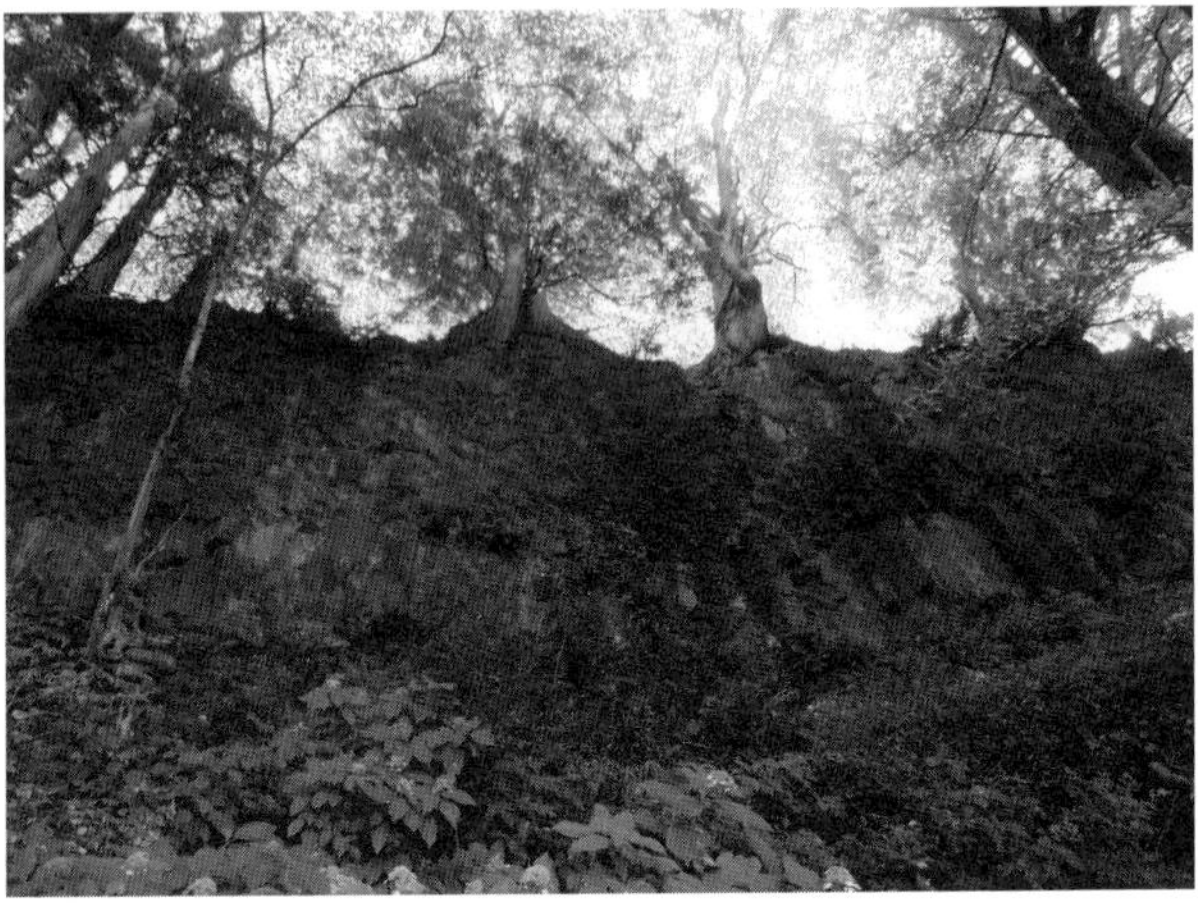

1-5　猿橋溶岩

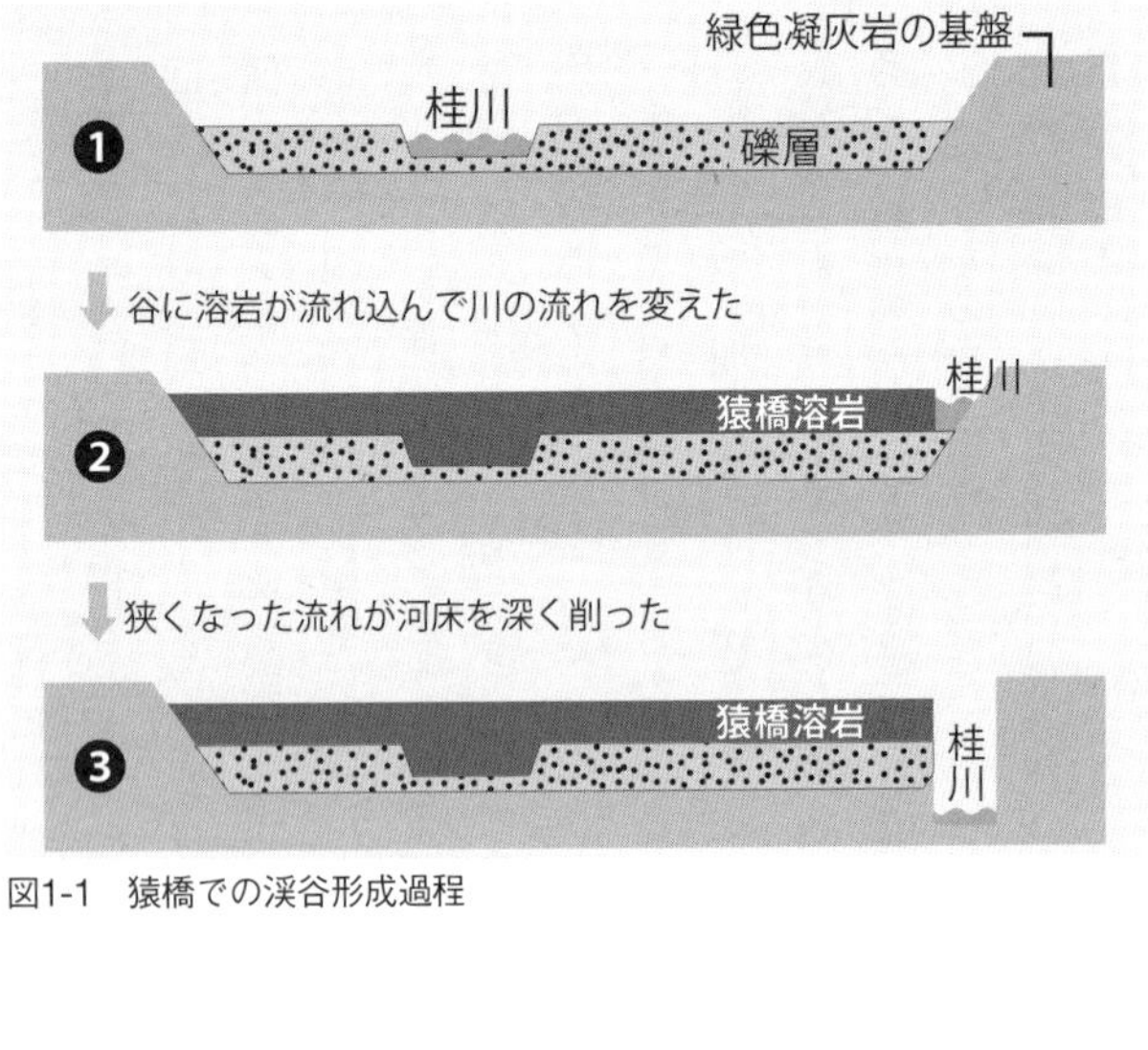

図1-1　猿橋での渓谷形成過程

を埋め、桂川の流れを今の流路になっている北側に押しやってしまった。その結果、川は大きく左に曲げられ、そこで基盤岩を深く下刻《かこく》（河床を削る）したためにあの狭い渓谷が出来たというわけです（図1-1）。そして昔の人は、谷幅の狭いあの場所をわざわざ選んで橋を架けたのです。谷が深く、間に橋げたを立てられないので、いろいろ考えた末、あの形を思いついたのでしょう。

ここでも最初に何かが起こるとそれが原因になって次の現象が起こり、さらに……というように次々にいろいろな現象が生じます。ここでも因果関係の「つながり」を見ることができます。

私の知り合いに水彩で透明感のあるきれいな山の絵を描き、近年とみに人気の出てきている中村《なかむら》好至恵《よしえ》さんという山の画家がいます。研究者ではないのですが、山の不思議によく気がつく方です。中村さんは山の風景をスケッチしながら、あそこは草原になっているのに手前はガラガラしている、どうしてだろうとか、あの稜線は周囲よりなだらかだけれどどうしてだろうなどと、いつも不思議に思っていたそうです。しかし周りには尋ねる人もいないし、そんなことを解説した山の本もない。やれやれと思っていたそうですが、ちょうどその時期に私の『日本の山はなぜ美しい』（古今書院）という本が出て、それを読んでくださったのです。そしてやっと長年の疑問に答えを得ることができたと感謝のお手紙をくださいました。中村さんも私と同じように自然の不思議を感じることができる方だと思います。こういう手紙をいただくことは著者として本当にうれしいものです。

私はその後『山の自然学』（岩波新書）を出しましたが、これも好評で、感想を書いて送ってくださった方々のハガキが200枚ほどに達しました。「こんな山の本を読むのは初めてだ」、「山に出かけるときにぜひ持っていきたい」という方が多く、大変励まされました。

この本もある意味ではその延長上にありますが、今までの本よりも事例を減らし、ひとつひとつの場所について研究のいきさつから答えに至る経過を詳しく書きました。これまでと同様、実際に野外に持っていって同じ場所での体験を重ねていただければと思います。

さて近年、自然科学は宇宙の果てを探ったり逆に究極の最小の粒子を探ったり、遺伝子やDNAを用いて生物の系統を追ったり薬品の開発に利用したり、あるいはiPS細胞を治療に用いたりと、止まるところを知らない勢いで進展しています。そのためには大規模な実験施設と多額の資金がかかるので、科学はどんどん巨大化しています。

その一方で私がここで紹介するような、いわば等身大の自然を対象とする科学は研究者も少なく、その進歩はじつにゆっくりです。自然が好きなだけでなく「不思議」に気づく感覚（センス・オブ・ワンダー）が必要ですから、そう簡単には進まないのです。したがって山の自然には誰も気づかず、分かっていないことがまだまだたくさんあるに違いありません。

たとえば、私は飯豊山《いいでさん》や朝日連峰の稜線沿いの強風地で、風食による植被《しょくひ》（植生）の破壊が結果的にそこに生育する植物の種類を多くしているという、逆説的な事実に気がつきました。飯豊山の場合、奇妙な縞々模様が見えたので、たまたまそこで植生調査をやってみようと思ったことがきっかけですが、こんなに強い風を受ける稜線はわが国でもめったにありませんので、これは世界的に見てもきわめて珍しい現象だと思います（これについては第7章で紹介します）。

また山梨県の岩峰で有名な瑞牆山《みずがきやま》では、増富《ますとみ》温泉側からの登山道沿いで亜高山針葉樹林をずっと見ていったのですが、普通なら必ず出てくるシラビソとオオシラビソが全然現れず、結局、頂上までコメツガが優占していました。ほかに出てきた針葉樹はネズコとゴヨウマツ、サワラ程度です。岩場が多い山なのでシラビソとオオシラビソは分布できないのだと思われますが、この2種は隣の金峰山《きんぷさん》にはいくらでもありますから、瑞牆山はじつに不思議な山だと言えそうです。

ちょっとした面白い事例をあげましたが、私の気づいたことなど自然の多様性の中ではほんのわずかでしかないはずです。ここに読者の皆さんの出番があります。

先に述べた、宝永第一火口の中の植被が密生した部分、あそこへ行ったことがある人は必ず見ているはずですが、今まで誰も不思議に思わなかったのです。つまり誰もがただ見て通り過ぎるだけで、「不思議だなあ、なぜだろう」と考える人がいなかったのです。これを見ればあなたにも出番があるということがお分かりでしょう。自然をよく観察すればまだまだ発見があるのです。面白そうな問題に気づいた方は、本書の編集部宛てで結構ですからぜひご一報ください。

第2章

「自然」を本当に観察していますか？

自然観察会にて

「自然観察会」が花盛りです。思い思いの服装をした皆さんが講師の周りに集い、楽しそうに話を聞いています。今日は野草の観察会のようです。講師が花の咲いた小さな植物を指し、「これは○○です」と名前を告げその見分け方を教えます。皆さんは急いでそれをメモしたり写真を撮ったりします。よく見る光景です。

名前を知ることは自然観察の第一歩ですから、これはこれで必要なことだと思いますが、多くの観察会が名前を教えてもらってそれでおしまいです。野鳥や魚や昆虫の観察会も然り。樹木や高山植物の観察会も同様です。参加者は見分け方を覚えるのに熱中し、周りの景色などもう目に入りません。

めったにないのですが、私が参加した岩石の観察会もそうでした。埼玉県飯能に近い顔振峠《こうぶりとうげ》でのことです。そばにみごとな地すべり地形があり、西武線の駅から歩いて1時間はかかる山の中であるにもかかわらず、桃源郷のような古い集落が出来ていてなかなか興味深いところでした。しかし講師はそのことに一言も触れません。私は同行していた人に「やれやれ、せっかくいい地形と集落があるのにもったいないですね」と言ってしまいました。

要するに自然観察会とはいっても、誰も「自然」など見ていないのです。見ているのは野草や野鳥や高山植物や岩だけなのです。

少し違うのはチョウの観察会ぐらいでしょうか。講師にもよりますが、いい講師に巡り合った場合は「このチョウは草原に生える○○を食草(餌)にしており、最近、草原が減って食草が少なくなってきたので、このチョウも絶滅の危機に瀕している」などと説明してくれます。これなら視野が広がります。

私の知り合いでは、樹木医の石井誠治《いしいせいじ》さんや森林インストラクターの渡辺一夫《わたなべかずお》さん、自然地理学者の高岡貞夫《たかおかさだお》さんが植物の来歴に触れたり、地形、地質に注意したりするような観察会を行っています。また牧林功《まきばやしいさお》さんのチョウや植物の観察会も優れたものです。美ノ谷憲久《みのたにのりひさ》さんは蛇紋岩《じゃもんがん》地に生育する特殊な植物とそれを餌にしているチョウの関係を教えてくれます。しかしそういう面白いガイドができるのはほんの一握りの方に限られているようです。大変残念なことです。

すでに第1章で述べたことですが、講師も参加者も興味の範囲が狭く、野草なら野草にしか興味を示しません。これには前の章で述べたような理由から致し方ない点もあるのですが、それではいつまで経っても事態は改善されません。ではどうしたらいいのでしょうか。

それには前の章で述べたことがヒントになります。小さいけれどたくさんある不思議を探し出し、それを参加者に質問するということです。たとえば早春のカタクリの観察会だったら「カタクリはなぜこんな寒い時期に花を開くのでしょうか」とか、「カタクリはどうして丈が低いのでしょうか」、「なぜイチリンソウやニリンソウと一緒に生育しているのでしょうか」でもいいと思います。「カタクリはなぜこの場所に分布しているのだと思いますか」というのも大事な質問です。この質問については「水分が多いから」、「日がよく当たるから」などいろいろな答えが出てきますが、まずは視野を広げるのが目的ですから、答えは必ずしも合っていなくてもかまいません。

また雪国ではカタクリの花の蜜を吸いにギフチョウが飛んできたりしますので（写真2-1）、同じように「ギフチョウはなぜこんな寒い時期に活動するのだと思いますか」と質問し、カタクリの話からギフチョウとカンアオイ属との奇妙な関係に話を発展させることもできます。

カンアオイ属にはカントウカンアオイやタマノカンアオイ、コシノカンアオイなどさまざまな種がありますが、どれも分布の拡大が極端に遅いことで知られています。ギフチョウはそんな草を食草として選んでしまったわけですが、その理由は冬でも食べられる常緑の草がほかになかったからではないかと想像されています。つまり進化のある時期にカンアオイ属という変な草を餌にしてしまったために、春先のまだ寒いうちに羽化するはめになり、その時期に開花するカタクリの蜜を吸うことになったのです。まさに奇妙な関係と言えましょう。

2-1　カタクリの蜜を吸うギフチョウ（提供：大須賀晃氏）

　野草やチョウなどの観察会を「自然観察会」にするためには、講師となる人に少し視野を広げ考え方を変えてもらうしか方法がないのですが、それには前に述べたような小さな謎をいろいろ探し出し、どんどん解いてもらうことを習慣にすることが大事だと思います。この作業で自然を見る目はどんどん広がり、単なる野草の観察会ではなくなります。さらに植物の形や生態だけに留まらず、植物の生育の場所に注目するようにすると、水文《すいもん》環境や土壌、さらには地形や地質にまで理解が進むかもしれません。そうなったときこそ文字通り自然観察会と言っていいでしょう。

「いやーこんな話を聞くのは初めてだ、難しい」と思われる人がほとんどでしょう。でもこのレベルを目指して努力してほしいのです。そのためには僭越ですが、まずは私の追体験（同じコースをたどって同じものを観察する）をしてください。こんなふうに書くと威張っているようで心苦しいのですが、センス・オブ・ワンダーを持っている人が少ないので仕方がないのです。

この本はいわば皆さんにセンス・オブ・ワンダーを持っていただくために書いたものです。ですからこの本で取り上げた現場に本を持っていき、まずは事実を確認してください。そしてもしあなたが自然観察の指導員なら私の発想をなぞるようにして参加者に質問をし、答えを聞いて次の質問に移るということをやってみてください。本当は私の行う観察会に出ていただくのがいちばんいいのですが、私自身歳をとり体力も衰えたので、以前ほど観察会に時間が取れません。そこでこの本を書いた次第です。ご了承ください。

ケヤキの生育地を観察してみよう

次に、分かりやすく意外な植物分布の一例としてケヤキを取り上げてみます。ケヤキの木は皆さんよくご存じでしょう。武蔵野台地の古い農家の屋敷内や公園、大学のキャンパスなどでよく見られますし、場合によっては古い街道沿いに街路樹として植えられています。でもこうした身近に見られるケヤキは、じつはほとんどすべてが植えたものです。ケヤキは台地には自生しないのですが、植えればよく育つので昔からよく植えられてきたのです。では植えたものではなく、自然状態で生育しているケヤキを見たことがある人はいますか？　ちょっと思い出してみてください。案外出てこず、植えたものしか思いつかないのではないかと思います。

自然に育ったケヤキは、都会に住む人が身近で見ることはほとんどありません。東京やその周辺では多摩川の青梅より上流の河岸、多摩川に合流するまでの秋川沿い、山梨県の桂川沿い、秩父盆地を貫いて流れる荒川の両岸などといったやや冷涼な河川上流部に多く、どこも両岸に硬い岩盤が現れているような場所ばかりです。ケヤキはそんな岩盤の隙間や棚、あるいは割れ目に根を下ろすようにして生育しています（写真２－２）。たまに国分寺崖線《こくぶんじがいせん》のような段丘崖に生えているのを見ることがありますが、かなり稀ですし、植えたケヤキかあるいは近くにあるケヤキの大木の子供である可能性が高いです。

前の章で猿橋《さるはし》の渓谷を取り上げましたが、この渓谷をつくる原因となった富士山の溶岩流の崖の上に、ケヤキの大木や古木が生育しているのが見られます。台地に植えたケヤキは真っすぐ大木に育ちますが、ここのは荒々しさを感じさせるひどい形をしています（30ページ、写真１－５）。

2-2　砂岩層に根をおろしたケヤキ（荒川の段丘崖)、下の写真下部の薄い地層は泥岩層

じつはケヤキの調査を始める前に、誰かが研究しているだろうと思って調べたのですが、ほとんど報告がありませんでした。大学の農学部の林学科にならら研究者がいるだろうと思ったのですが、林学科というのは基本的に造林のための学問として始まったのだそうで、植林した場合の成長についての研究はあっても自生地の研究などはあまりしないようです。わずかに森林植生の研究者がケヤキは渓畔林《けいはんりん》に多いと書いていました。渓畔林というのは河川の源流近くや小河川の谷沿いに出来る森林のことで、サワグルミやシオジ、トチノキ、カツラが代表的な樹種です。でも実際は渓畔林の中でケヤキを見ることはほとんどありません。サワグルミなどは渓畔林といってももっぱら渓《けい》床《しょう》に現れますが、ケヤキが生育しているのは渓床ではなく、川沿いの岩盤上や崖錐《がいすい》上（これについては次に紹介します）なので、生育している場所が違うのです。したがってケヤキを渓畔林に含めて考えるのは、私にはあまり適切でないように思えます。

誰も研究していないテーマなどはない、とよくいわれます。私が聞いたものではアマゾンの真ん中、マナオスという都市にある劇場の天井の模様がどうなっているかを調べた人がいました。こんなマニアックなものでも何人かは関心を持っているということなのですが、実際にはケヤキの立地のようにかなり大きなテーマでも、ポコッと抜け落ちていることがあるのです。この辺りが不思議でもあり面白いところでもあります。

2-3　雨滝

　さて鳥取県の北東端にある岩美町《いわみちょう》という町から数キロ南に下がったところ（鳥取市の東の外れ）に、雨滝《あめだき》という日本の滝百選に選ばれたみごとな滝があります（写真2-3）。その滝が懸かっている溶岩層の続きは高さ10メートルほどの崖になっていて、その崖にはケヤキがよく生育しています（写真2-4）。溶岩のちょっとした窪みに根を下ろして育っているのがよく分かります。この溶岩は鳥取県と兵庫県の県境にそびえる扇ノ山《おうぎのせん》という山から200万年ほど前に流れ出したもので、西側山麓にはこの溶岩の崖が続いています。ケヤキはその崖のところどころにある窪みや岩の割れ目に生育するほか、崖から崩れ落ちた大小の岩が堆積した斜面（これを崖錐といいます）にも旺盛に生育し、一部にトチノキなどを交えますが、ほぼ純林に近いみごとなケヤキ林をつ

2-4 溶岩の崖に生育するケヤキ

くっています。要するに溶岩が壁をつくるところや大小の崩れた岩がゴロゴロと堆積したようなところが、ケヤキの本来の（自然状態の）生育地だということです。ケヤキがなぜこんな条件の悪い場所を好んで生育するのか、理由は明らかになっていません。

ただよく似たタイプの植物の場合、起源が古い植物であるために種間競争に弱いということがしばしばあげられますので、ケヤキについても同じことが言えるのではないかと私は考えています。種間競争に弱い植物の代表としてあげられるのは、ネズコやコメツガ、ヒノキなどの日本固有の針葉樹です。今私たちが見ているのは中生代という古い時代に繁栄した針葉樹の末裔で、地形がなだらかで土壌が厚いという条件のいい場所は新生代に発展した広葉樹に奪われてしまったため、岩角地や寒冷地、酸性の強い湿地の周辺といった、条件の悪い場所に追いやられています。ケヤキの場合、広葉樹ですから、針葉樹よりはるかに新しい時代に出現しているのですが、ヤナギやクルミ、ブナ、カバノキ、クリ、ツツジ、ミズキなど温帯林をつくる樹木の大半が中新世（２３００万〜５００万年前）の初期に出現しているのに対して、ケヤキは始新世（５６００万〜３４００万年前）という古い時代に出現しており、針葉樹と同じように条件の悪い場所に追いやられてしまったのかもしれません。こんなふうに分からないことについては、分からないなりにいろいろ考えを巡らせることも楽しいことです。

第3章

富士山　カラマツが語る噴火の歴史

御庭からお中道に登る

私はよく社会人の皆さんを対象に、富士スバルライン五合目近くの御庭《おにわ》で自然観察会を行います。景色はいいし自然も大変面白いので、最初の事例としてここを取り上げることにしましょう（写真3-1）。

河口湖からスバルラインをどんどん上がって、終点五合目の3キロほど手前の奥庭《おくにわ》でバスを降り、自動車道路の反対側に渡ります。柵がある場所が御庭への登り口です。柵から入ると観察会に参加した皆さんはいつもの習慣で、すぐに高い方にどんどん登ろうとします。でも私は「ちょっと待ってください」と言って、標高差にして15メートルほど上がったところで止まってもらい、まず周囲をじっくり観察してもらいます。そして皆さんから気がついたことをあげてもらいます。「暗い森だ」から始まりますが、何人もの人たちに話してもらううちに、だんだんいろいろなことが分かってきます。「倒れている木がたくさんある」、「ひどくねじれた木がある」、「真っすぐに伸びた木もある」、「コメツガだ」、「下草がほとんどない」などなど。ここでは私はあまり解説せず、「これはコメツガを中心とする森です。この景色をよく覚えておいてください」と言うだけで過ぎます。

標高でさらに20メートルほど上がると突然、暗い森が切れて明るく開けた場所に出ます。ここで

3-1　御庭付近の景観

も皆さんから気がついたことをあげてもらいます。「急に明るくなった」、「木が曲がっている」、「カラマツだ」、「地面がガサガサして乾燥している」、「コケモモが生えている」などいろいろな意見が出てきます。

なぜ急に明るくなったのかという質問は後回しにして、まずは最初の質問です。「ここのカラマツはなぜこんなに曲がっているのでしょうか？」。「風が強いからだ」、「雪のせいではないか」、いろいろな意見が出てきますが、ところどころ真っすぐに育った木が生えているので雪のせいではないことが分かります。そのうちにある人が曲がっているのは太く年をとった個体ばかりであることに気づき、若いころに風にさらされたためにこうなってしまったのではないかと言います。ようやく正しい答えが出てきました。

参加した皆さんは「これはカラマツです」、「これはコケモモです」と、名前を教わる観察会の体験しかなく、質問されたり頭を使って考えたりすることには慣れていませんから、質問されるとやはり戸惑うようです。しかし参加者が20人ぐらいいると、頭の切り替えの早い人が何人か現れて適切な答えを出してくれます。

もう少し上がると登山道は大きく左に迂回し、極端に曲がったカラマツが優占する場所に出ます（写真3-2）。こういう極端に変形した木を「偏形樹《へんけいじゅ》」と呼びます。ここは丸みを帯びた尾根になっており、歩いていても風当たりが強くなってきたことが体感できます。

さらに登りながら観察を続けると、曲がったカラマツのすぐそばに真っすぐ伸びて最上部だけが変形したカラマツが生えているのが目に入ります（写真3-3）。これはどういうことなのでしょうか。これが第2の質問になります。

すでに樹齢の話が出ていますので、この質問に対しては、「最初に定着した個体は風を強く受けて極端に変形してしまった。しかし後から生えた個体は前の個体が風よけになってくれるために、真っすぐ育つことができ、さらに大きく育つと風の影響を受けて最上部だけが曲がったのだ」という正しい答えが出てきます。ところによってはさらに若く真っすぐな個体もあり、高年の皆さんの

3-2　カラマツの偏形樹

3-3　偏形したカラマツ（右）と直立したカラマツ（左）

中には、苦労したご自身の人生と苦労せずにのびのび育った孫世代のことを思ってしみじみとなさる方もいます。

さらによく見ると、場所によっては真っすぐ伸びたカラマツのそばに別の針葉樹が生えているのが観察できます。オオシラビソです。これはどういうことなのでしょうか。

これについては、「風当たりが弱くなり土壌も出来るようになると、別の樹種が生育できるようになり、森林が次第に変化してきます。それを植生遷移《しょくせいせんい》と呼びます」と私から説明します。

ところが参加者の一人が、「北アルプスではオオシラビソの偏形樹をよく見るが、その場合、風の当たる側の枝が折れてしまって旗指物《はたさしもの》のような形になる。カラマツはなぜそうならないのか」と聞いてきます。なかなか鋭い質問です。皆さんで考えることにしてもう少し登ると、カラマツの偏形樹と上部が曲がったカラマツ、それに片側の枝が取れてしまったオオシラビソの3種の木が一緒に生えているのが見えてきました（写真3－4）。ここで改めて皆さんで考えます。するとカラマツは強風にさらされても枝を曲げて柔軟に対応することができるが、オオシラビソのほうはこうした柔軟さがないために枝を曲げることができず、冬の強風で枝や葉をむしり取られてしまい、風下側だけに枝葉が残るということが分かります。オオシラビソにはなぜ柔軟さがないのかという問題が残りますが、これはそれまでの長い種の歴史に培われてきた種の個性としか言いようがありません。

3-4　偏形したカラマツ（手前）と直立したカラマツ（左）、旗形になったシラビソ（中央と右）の3種

次の質問、「ここにはなぜカラマツが生えているのか」に移ります。日本アルプスの森林限界付近ならシラビソとオオシラビソが生えているのが普通です。ここはなぜカラマツなのでしょうか。

すぐには答えが出ませんが、両者を比較しながら考えてもらい、最後に私が次のような説明をしてまとめます。

「富士山の場合、火山の形成の歴史が新しく、森林限界付近は新しいスコリア（溶岩のかけら）で覆われています。このために地表面はガサガサしていて隙間が多く、乾燥しています。その結果、樹木は最初、種子が乾燥に強いカラマツしか生育できません。シラビソやオオシラビソの芽生えが育つためにはある程度の湿り気と養分を持った土壌が必要で、その土壌はカラマツやコメツガ、あるいはコケモモやシャクナゲ、地衣類などが先に育って葉や枝を落とし、ときには木そのものが枯れて栄養分を加えてくれることによって出来るものです。そのためにシラビソやオオシラビソの森は、カラマツの偏形樹から成る先駆的な森から見ると長い年月が経ってから成立します。垂直分布上で見ても、富士山ではカラマツのつくる森林限界より何百メートルも低いところにシラビソやオオシラビソ林の上限があります」。

こんなふうに少し歩いただけで、小さいけれど不思議なことがたくさん見つかります。自然をよく観察してそうした小さな謎を探し出し、それをどんどん解いていく。これを繰り返すだけでそこの自然の性質や生い立ちがよく分かってきて、自然観察が面白くなります。この調子で先に進みましょう。

火口がいくつも見えてくる

そのまま登っていくと右側に生々しい黒い色のガサガサしたものが見えてきます（写真3－5）。溶岩のようにも見えますが溶岩そのものではありません。噴火の際、赤熱したマグマのしぶきが飛

3-5　溶結火砕岩（溶結スコリア）

び散り、それが自らの高熱で再び固まったものです。これを溶結火砕岩《ようけつかさいがん》（スパター）、あるいは溶結スコリアといいます。カラマツの幼樹がパラパラ生えていますが植物は乏しく、かなり新しい時期にマグマの噴出があったと推定できます。

さらに登るとお中道《ちゅうどう》に出ます。お中道は昔、修験者たちが修行のために往復したほぼ水平な道です。森林限界付近を通っていて景色がいいために、「天《てん》地境《ちざかい》」という別名がついています。

お中道に出たらまずは五合目の方に向かって１００メートルほど歩きましょう。みごとな偏形樹の間を進むと高さ10メートルほどの赤い色をした高まりが見えてきます。この高まりは、地下から盛り上がってきたマグマが表層にあった古い溶岩などを押し上げたものでしょう。その手前には小さなあず

3-6　擂鉢状の小噴火口。左手に高まりが見える

まやがあり、その横に擂鉢《すりばち》状の窪みがあります（写真3－6）。皆さんに聞くまでもなく新しい噴火口の跡だということが分かります。

あずまやで一休みしながら下方を見ると、割れ目がずっと続いており、その先に別の擂鉢状の火口が見えます。ここでも火口の横は持ち上げられて高さ10メートルほどの黒い色をした高まりになっています。

あずまやから山頂方向を見上げると、こちらにも真っ黒な溶岩が盛り上がるように露出しているのが見えます（写真3－7a）。ここにはまだカラマツすら生えていません。

このようにこの一帯にはごく新しい時期に最大傾斜方向に長い割れ目状の火口が出来、そこから溶岩の流出やスコリアの噴出があったことが分かります。

3-7a　溶岩の盛り上がり（右手の黒い高まり）

3-7b　溶岩の盛り上がり

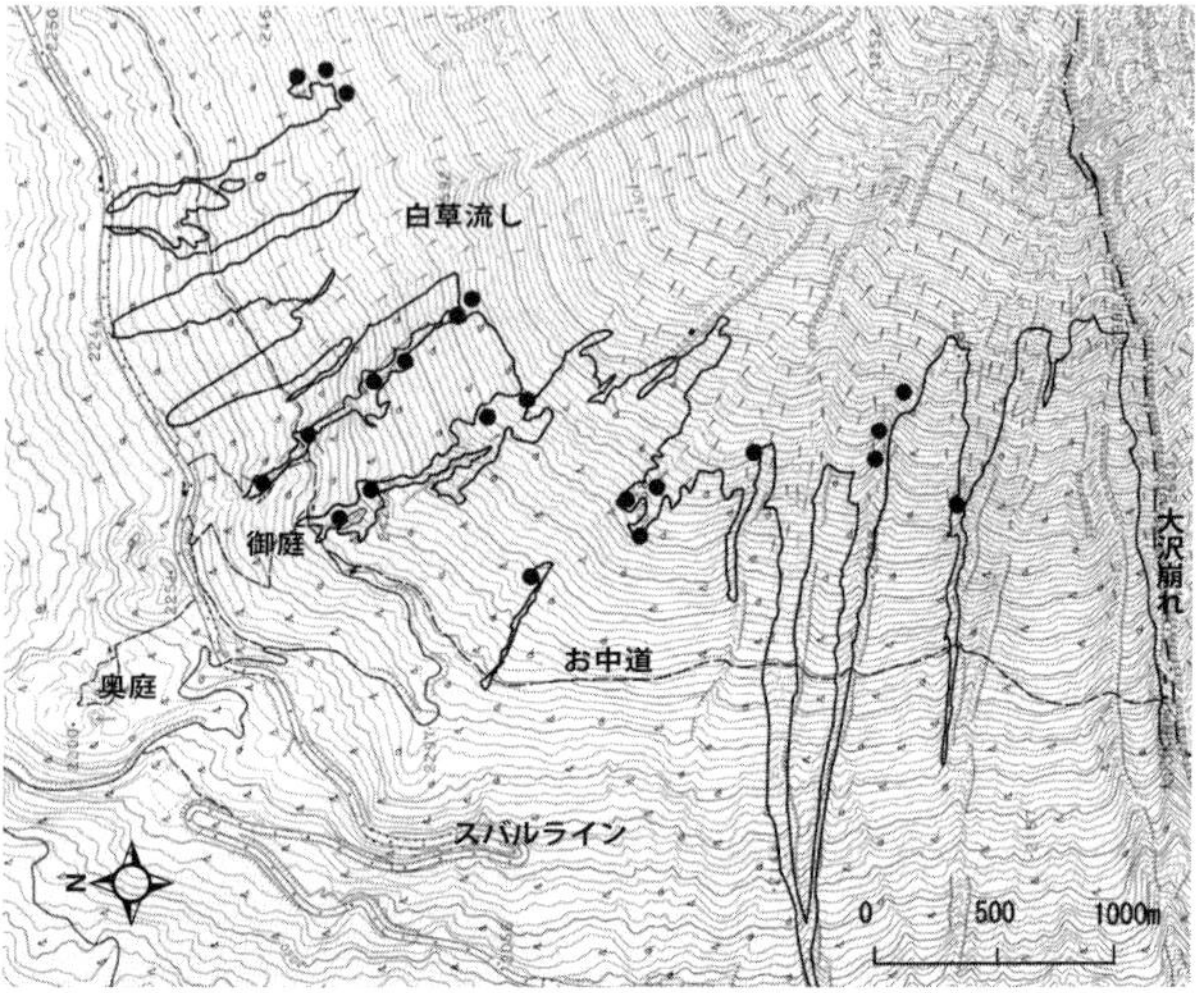

図3-1　御庭付近の火口の分布（黒丸）、実線は森林限界

図3−1は共同研究者の難波清芽《なんばさやか》さんが現地を歩いて作成した火口の分布図（と森林限界の図）ですが、じつはこの割れ目噴火の南側300メートルほどのところにもほぼ並行してもう1列の割れ目噴火の噴出物が続いており、黒々とした溶岩や溶結したスコリアが露出しています（写真3−7b、奥庭からの登りで見たのはこの続きです）。火山学者はこの2列の火口列を「御庭・奥庭火口列」と呼んでいます。どうやらそれほど古くない時期に2列の割れ目噴火が起こったと推定できますが、いったいどのくらい前のことだったのでしょうか。

溶岩の噴出年代

火山学者の研究によると、御庭・奥庭の両方にまたがるように２回の溶岩の流出期があり、それぞれを御庭・奥庭第一溶岩、御庭・奥庭第二溶岩と呼んでいます。２つの溶岩の直下からは炭化物が採取されており、その年代は１４００〜１１００年前となっています（山元ほか、２００５）。またさらに新しい研究では、２回の御庭・奥庭溶岩の流出は１２００年前とされていて、わずかな時間差で流出したとされています（高田ほか、２０１１）。

富士山では２２００年前の激しい噴火で山頂の火口に通じる火道（マグマの通り道）が詰まってしまったため、それ以降は中腹以下での側火山の噴火が中心になりました（宮地、１９８８／上杉、２０００）。特に奈良時代から平安時代前半にあたる紀元７００〜１０００年ごろ、つまり今から１３００〜１０００年前の時期には噴火が激化し、北西斜面の下部から山麓にかけて青木ヶ原溶岩や剣丸尾《けんまるび》溶岩などの流出が相次いでいます。御庭・奥庭第一溶岩、第二溶岩の流出も年代的にはこの時代に一致しています。そしてこの時期から１７０７年の宝永山《ほうえいざん》の噴火まで、富士山ではおよそ７００年にわたって顕著な活動はなかった、というのが大方の火山学者の見解です。

しかしながら御庭から奥庭を見下ろすと、手前の黒い溶岩がつくる裸地の先に森林に覆われた奥庭の高まりが広がり（写真3－8）、私には両方を同じ溶岩名でひとくくりにするのが適切だとはとても思えません。上部の御庭付近にはまだ何も生えていない黒々とした裸地が広がっていますし、カラマツの芽生えや極端に変形した低木林が分布しています。コメツガなどの森に覆われた奥庭とは大違いです。

こうした事実から私は御庭・奥庭溶岩の流出は1200年前とは別に、もっと新しい時期にもう一回起こったのだろうと考えました。富士火山研究の第一人者とされる故・津屋《つや》弘逵《ひろみち》（1971）によれば、スバルライン御庭下で木炭が見つかっており、その年代は630年前（誤差プラスマイナス80年）になっています。これが新しい流出期を示す年代だとすれば、御庭・奥庭溶岩の流出は1200年前と630年前の2回あったことになります。そしてこう考えたほうが一帯の表層地質や森林の違いを合理的に説明することができます。

そこで私は御庭・奥庭溶岩を2つに分け、1200年前に流出した溶岩を「奥庭溶岩」、630年前に流出した溶岩を「御庭溶岩」と呼ぶことにしました。

小山真人《こやままさと》（2000）によれば、581年前の1435年（永享7年）に山梨県側で「富士ノ火炎見ヘタリ」という記録があり、これは森林限界付近で起こった噴火だと考えられるということですから、この噴火に対応している可能性が高いと思います。630年前の年代との間にずれがあり

3-8　御庭から見下ろした奥庭。左手奥にも側火山が見える

ますが、誤差もあり樹木の場合にはそれまでの生長の履歴が加わるので、630という年代はやや大きめに出ている可能性があります。そこで以下では600年前という丸めた数字を使いたいと思います。

改めて御庭付近のお中道の植生を観察すると、カラマツの偏形樹やその後に生長を始めたカラマツが卓越しています。偏形樹はまさに噴火によって生じたスコリア原や溶結したスコリア上に生えており、樹齢を調べれば噴火後どのくらいの年月を経てから発芽したかが分かります。

前述の難波さんが一帯に分布するカラマツの樹齢を精力的に調べてくれたので、以下、そのデータを借りてお話しします。カラマツの偏形樹は最も古いもので300歳ぐらいでした。600年前に噴火があり、それから300年ほど経って最初のカラマツが芽生えたことになります。300年とはずいぶん長い時間だと思いますが、土地条件、気候条件が劣悪なためにこれだけ時間がかかったのでしょう。ところによってはカラマツがまだ芽生えたばかりの場所もありますし、まだ何も生えていない場所もあります。低温、凍結、強風、乾燥と悪条件がそろった場所では、発芽し生長を継続するだけでも大変なことなのです。

最初にカラマツが芽生えて風よけになってくれると、そこに若いカラマツが生育し、それに続いてコメツガが育ち始めます。難波さんの調査ではコメツガの生育開始は180年前、シラビソの生育開始は100年前でした。カラマツの偏形樹が優占する御庭一帯の植生景観は、このような長い時間を経てようやく出来上がってきたのです。

奥庭溶岩上のコメツガ林

話を少し戻します。この章の初めで奥庭のバス停から登り始めた際、コメツガを中心とする暗い森の中を通りました。少し上がるとその森は切れて急に明るい場所に出ました。覚えておいでですか？　このときは何も解説しないで上がってきてしまったのですが、改めてあの暗い森のある場所を考えると、１２００年前に奥庭溶岩が流れた場所であることが分かります。以下、説明の都合上この森を「奥庭の森」と仮称することにします。この森は富士スバルラインの上だけでなく、下方の奥庭の側火山一帯にも広がっています。

この森でも難波さんが樹齢を調べていますので、それを参考に森林の遷移を考えてみましょう。ここではカラマツとコメツガとシラビソの３種類の樹木が見られますが、樹齢は次のようになっています。

偏形していないカラマツ　３４０〜１３０歳
偏形したコメツガ　　　　３５０〜１２０歳
偏形していないシラビソ　１８０〜６０歳

ここでは御庭溶岩地区に見られるような偏形のひどいカラマツはほとんど見られません。これは時間の経過の中で大半がすでに枯れてしまったものと推定できます。枯れて倒木になったカラマツがあることはあるのですが、半ば腐っているので樹齢の計測は不可能です。カラマツの寿命がどのくらいなのか文献を調べてみましたが、残念ながら書いてありませんでした。仕方がないので今回の調査地域でのデータから推定してみることにしましょう。難波さんが調べた御庭のカラマツ偏形樹の最高樹齢は３００歳でした。典型的な偏形樹で丈は３メートル程度と低いのですが、樹幹は太くまだ当分生き延びそうです。また奥庭の森で調べた偏形していないカラマツの樹齢は340歳でした。そこでカラマツの寿命を400歳と仮定します。

裸地での偏形したカラマツの発芽は、御庭では現在も継続しており、最初のカラマツの発芽、定着から見ると少なくとも300年かさらに後まで続きます。そこで両者を合わせた700〜800年ぐらいがカラマツの偏形樹の存続期間ということになります。奥庭の森では倒れた木の中に偏形したカラマツが見られることから、現在はカラマツの偏形樹が枯れる最終段階にあると考えられ、これから推定すると奥庭の森では700〜800年ぐらい前に最初のカラマツが芽生えたことになります。噴火後400〜500年も経過してから発芽というのは遅すぎるように思われますが、噴火後600年経った現在の御庭でもまだカラマツが生育できていない場所があるのですから、この程度なのかもしれません。

奥庭の森のカラマツも当初は強風の影響を受けて、今の御庭付近のように極端な偏形樹だったはずです。その後カラマツの後を追うようにコメツガが生育を始め、カラマツと同じように偏形樹になりました。このコメツガの偏形樹もすでに枯れたものが多いと思われますが、一部はまだ残っていておどろおどろしい姿を見せています（写真3-9）。難波さんの調査では樹齢350歳というコメツガが見つかっています。

3-9　奥庭の森のコメツガ偏形樹

この森ではその後、次第に直立したカラマツが増えてきます。直立カラマツの最高樹齢は340歳です。現在は偏形したカラマツだけでなく、直立したカラマツの枯死の時期が迫ってきていると言えましょう。なおこの森ではシラビソが生育を始めており、最高樹齢は180歳でした。まだ130歳、105歳といったカラマツやコメツガが残っていますが、あと200年もすればカラマツやコメツガの大部分は枯れてシラビソが中心となった森に変化しているはずです。

奥庭の森の上限

最初に見たように奥庭の森は上に登ると突然切れて、明るいカラマツの低木林に変化します。この変化がなぜ起こったのか皆さんはすぐ推定できたでしょう。そう、６００年前に御庭溶岩の噴出が起こり、この森の上部から御庭にかけての一帯をスコリアや溶結火砕岩が覆ってしまったためです。元々あった森林は焼けたスコリアに埋もれて消滅し、３００～４００年ぐらい経ってようやくカラマツが生育を始めました。その時間のずれが顕著な植生景観の違いとなって表れているわけです。

じつはこの植生景観の急変は登山道沿いに見られるということもあって、すでに生態学や気候学の研究者が植生の断面図を描き、その原因を論じています。しかしいずれも風が急に強まるという点に原因を求めていて、火山活動の時期の違いから考察した研究はありません。風が急に強まることは確かですが、それはあくまで現時点での話です。奥庭の森の樹高が高くなった結果、林内には風が吹かなくなり、森を出た途端に風に当たるということになったのです。奥庭の森の林床に偏形樹の倒木が見られるように、過去には奥庭の森でも風が強かったのです。

大沢崩れの入り口から

次は御庭から南西方向に歩き大沢崩れを目指します。御庭のすぐ西側には黒い溶結火砕岩がゴロゴロしている平坦なところがあります。ここは先に述べた割れ目噴火の2列目に当たるところです。そこのお中道を先に進むと、少し分かりにくいのですが大沢崩れへの入り口を示す標柱が立っているので、そこを入ります。入り口から数十メートルは登山道に岩が露出していて危険ですので気をつけてください。この部分は周りの植生を観察するとカラマツの偏形樹やコメツガの若い偏形樹などが優占していて、600年前に噴出した御庭溶岩の範囲内だということが分かります。

ところがその先に進むと浅い谷になっていて、そこから先は森が急に濃くなります。登山道はそれまでとは一転して深い森の中を歩くように変化します。樹木はコメツガの真っすぐ伸びた大木が中心ですが、カラマツやシラビソの大木も見られます。樹木の直径は50〜60センチもあります。途中にゴヨウマツの巨木があり大変目立ちますので、この一帯の森を「ゴヨウマツの森」と仮称したいと思います。

この森は奥庭の森と比べると大木がそろい、林床には緑のコケが生えているなどの特色から、明らかに奥庭の森よりも遷移が進んだ森と考えられます。この森が成立している斜面の年代は、奥庭溶岩の噴出した1200年前より古いことは間違いないのですが、まだ正確には分かっていません。ただ土壌の調査をしてみると、奥庭の森よりも土壌が厚く大沢崩れ付近の森よりも土壌が薄いので、私は1500年ほど前の斜面であろうと推測しています。すでに述べたように山頂からの噴火は

2200年前に終わり、以後、富士山は1300年前まで900年間しばし休憩という形になるのですが、それでも1500年前と1700年前ごろに溶岩流や火砕流《かさいりゅう》を出しています。「ゴヨウマツの森」の斜面は、このいずれかに対応する可能性があります。

大沢崩れに向かう

「ゴヨウマツの森」をそのまま進むと林道から上がって来た登山道と合流します。この辺りから周囲の森はシラビソ、オオシラビソを中心とした森に変わります。その先は滑沢《なめさわ》や仏石流《ぶっせきなが》しなど、幅数十メートルの細長い崩壊地で何度か中断しますが、大沢崩れの手前まではほぼ同じタイプの森が続きます。森にはシラビソ、オオシラビソの大木がそろったところもありますが、10〜20センチぐらいの細い木が密に生えているところもあります。

このシラビソ、オオシラビソを中心とする森はカラマツの偏形樹に始まり、コメツガ林を経て植生遷移が最終段階に到達した森で、亜高山針葉樹林の極相《きょくそう》群落です。したがってこの群落の中ではシラビソ、オオシラビソの大木が老化や風害や病気などで枯れてしまったりしても樹種は変わらず、基本的に同じ樹種が後を継ぎます。つまりシラビソ、オオシラビソの森では同じ樹種が世代交代をするだけで、気候が大きく変化したり新しい火山活動が起こったり、台風などによる大規模な斜面崩壊で森林が根こそぎ破壊されたりしない限り、同じ森が続くことになります。

そこでこの辺りの森を「極相の森」と仮称しましょう。この森では林床に高さ1メートル前後のシラビソ、オオシラビソの低木が生えているのを見かけますが、これが後継ぎの樹木で、何十年もの間、上を覆う木が枯れたり倒れたりして空間が空くのをじっと待っています。ただその間に上の木がうまく枯れたりしてくれればいいのですが、そうならない場合には低木そのものが我慢しきれずに枯れてしまいます。年寄りがなかなか引退せず老害を引き起こすこともある人間の社会を彷彿とさせますね。植物の社会もなかなか厳しいのです。

なおこの「極相の森」をよく観察すると、意外にも周囲のシラビソ、オオシラビソと同じ程度の直径のカラマツが紛れ込んでいるのをよく見かけます。これは上を覆っていた大木が枯れる世代交代の際、一時的にではあっても林床に日光が当たり、そのときにカラマツがうまく芽生えることができたのだろうと考えられます。

また同じように、真っすぐな大木のそろったシラビソ、オオシラビソの林の中にカラマツの偏形樹を見かけることも少なくありません。どうしてこんなことが起こるのかうまく解釈できずに困っていたのですが、樹木の寿命を考えると理解できるようになりました。

先ほど紹介したようにカラマツの寿命は４００年くらいです。ところがシラビソ、オオシラビソの寿命は短く、どうやらその半分の２００年ぐらいかそれ以下のようです。八ヶ岳の縞枯山《しまがれやま》では数十年ごとに縞枯れの波がやってきて、若いシラビソ、オオシラビソが枯れてしまうことが知られていますが、この場合、木の寿命は数十年しかなく、直径10〜20センチという細い木が枯れてしまいます。富士山の「極相の森」でもシラビソ、オオシラビソはやはり強風に弱く、数十年に一度のような強力な台風がやって来ると、広い面積にわたっていっせいに枯れてしまうことがよくあるようです。その後、細い木がいっせいに生えてきますが、強風に強いカラマツはシラビソ、オオシラビソが枯れても簡単には枯れずに生き残るため、シラビソ、オオシラビソの森の中にカラマツの老木が混じることが生じたのだと考えられます。

「極相の森」の斜面形成の時期

「極相の森」が成立している斜面ですが、私は基本的に２２００年前の山頂噴火時の噴出物で覆

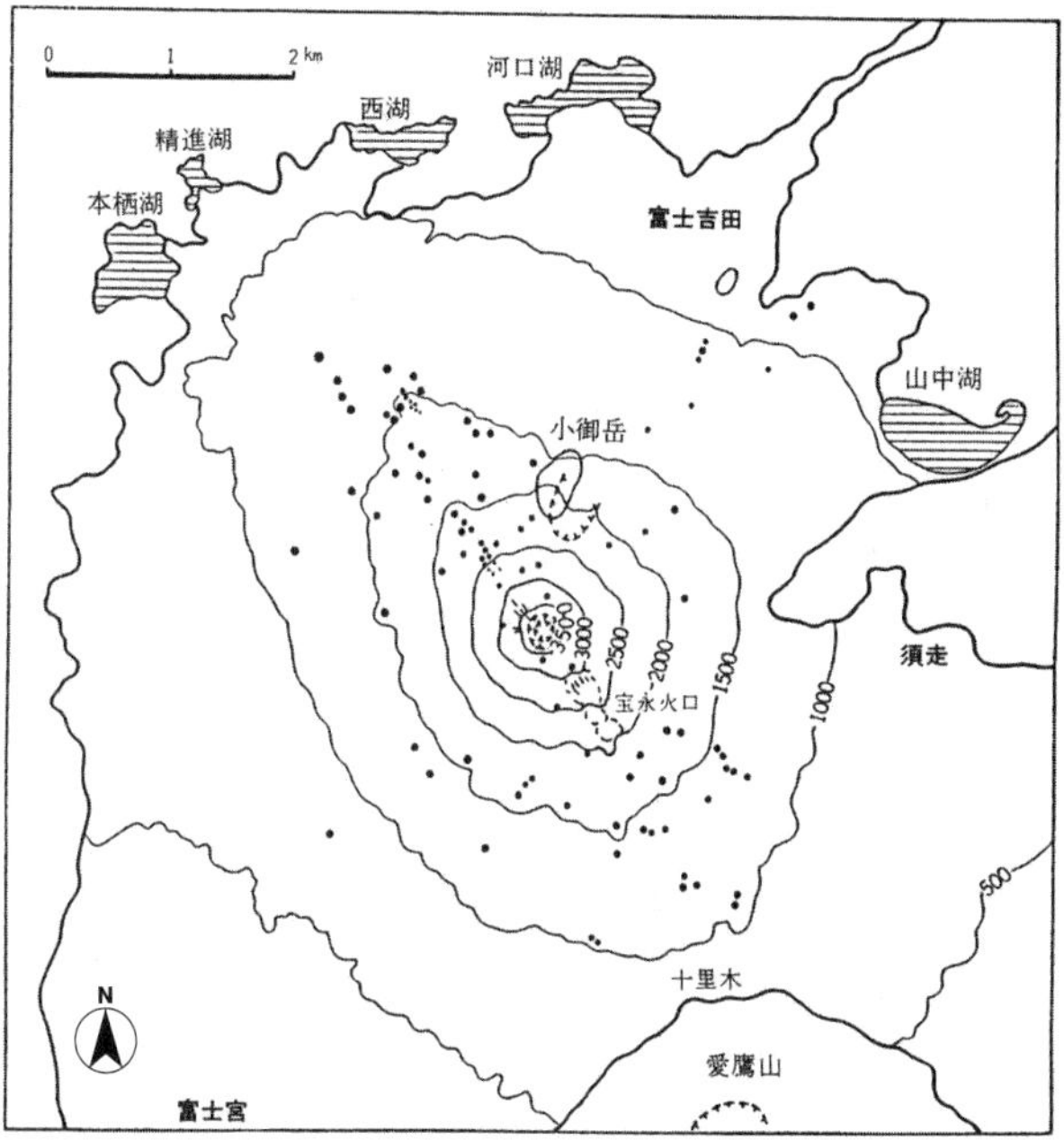

図3-2　側火山の分布

われたところだろうと考えています。図３-２に示したように富士山の側火山は北西－南東方向に配列しており、北西斜面と南東斜面では側火山の噴出物が載りやすくなっています。しかしその軸に直交する北東－南西斜面では側火山は出来にくく、あってもごく小さいものばかりなので噴出物の供給は少なく、特に大沢崩れやその反対側にある吉田大沢付近では側火山の影響はほとんどありません。大沢崩れ程度の規模の崩壊は、一度噴火があればあっさり埋まってしまうようなものですが、そうならないのは大沢崩れ付近では噴火がまず起こらないことに原因があります。したがって大沢崩れに向かう森林沿いは、２２００年前に山頂から噴出した溶岩やスコリアで出来ていると考えていいでしょう。

ここでも裸地でのカラマツの発芽に始まり、カラマツの偏形樹の時代、コメツガの時代を経てシラビソの時代になるまでに千年程度を要したはずですが、それ以降は１００～２００年ほどの間隔でシラビソ、オオシラビソの更新が起こっていると考えられます。おそらく風害を受けやすいところでは更新の間隔は短く、風の当たりにくい場所では長いと思われますが、詳しいことは誰も調べていないので分かりません。

「白草流し」を観察する

話は再び御庭付近に戻ります。お中道に上がって最初に観察した擂鉢状の火口付近から話を再開しましょう。お中道を五合目の方に向かいます。背の高いカラマツの枝が奇妙な形に曲がっている印象的な森がありますが、そこを過ぎるとすぐダケカンバの森に入ります。そしてその先では森林

3-10　白草流しの土石流堤防（左奥は直立したカラマツ）

が切れて、赤茶けた地面がうねるように起伏する土石流地域に入ります。ここが「白草流し《しらくさなが》」と呼ばれるところです。

ここでは毎年のように上部の斜面で土石流が発生し、流下した溝の両側にみごとな「土石流堤防」をつくります（写真3-10）。山頂側には何本かの土石流の溝と土石流堤防が曲がりながら続いているのが見えます。植生は乏しく、カラマツやダケカンバの低木とオンタデが点在しているのが見えるだけです。土石流の堆積物は火山砂や細かい礫を主に、大きな礫や岩塊を含んでいます。豪雨のときなどに水と土砂が混じって岩塊を運び出してきたものです。

土石流はときどき位置を変えるために、白草流しの内部はオンタデが点在するだけの荒れた場所になっていますが、近年、土石流の溝が深く掘られた

3-11　スラッシュ雪崩による樹木の被害

せいか、土石流の位置は固定される傾向が出てきています。こうなると20〜30年にわたって土石流の影響を受けないで済む場所が生じ、そこにカラマツが生育するようになっています。

　白草流しの場所はもともと侵食で出来た谷筋であることに加え、御庭溶岩が高まりをつくって風よけになっていることから、白草流しの内部で生育を始めたカラマツは偏形せず、最初から直立を保っています。

スラッシュ雪崩

　白草流しの手前にダケカンバの林があると述べましたが、ここのダケカンバは２０１６年の春に発生した「スラッシュ雪崩」によって根こそぎになったり、横倒しにされたりして大きな被害を受けました（写真3-11）。スラッシュ雪崩というのは現地では「雪代《ゆきしろ》」と呼ばれる雪崩の一種です。春先のまだ山頂部に雪のある時期に強い雨が降ると、雪と雨が混じってシャーベット状になって流れ始めます。ところが富士山の長い斜面では遮るものがないため次第に高速化し、森林のあるところに達すると木を切断したり、根こそぎにしたり、樹皮を傷つけたりします。富士山では毎年どこかで発生するそうですが、白草流し付近では40年ぶりぐらいの発生だったようです。御庭への別の登り口付近でもスラッシュ雪崩に運ばれてきた樹木を見ることができました。

文献

上杉陽（2000）テフラによる富士火山活動史、月刊地球、22(8)、512-517

小山真人（2000）資料にもとづく富士山の火山活動史と災害予測、月刊地球、22(8)、558-563

高田亮ほか（2011）噴火割れ目が語る富士火山の特徴と進化、富士火山、183-202、日本火山学会

宮地直道（1988）新富士火山の活動史、地質雑、94、433-452

津屋弘逵（1971）富士山の地形・地質、富士山-富士山総合学術調査報告書、4-149、富士急行株式会社

山元孝広ほか（2005）放射性年代測定による富士火山噴出物の再編年、火山、50(2)、53-70

第4章 八ヶ岳　コマクサはスコリアがお好き?

コマクサの宝庫・八ヶ岳

コマクサは「高山植物の女王」と呼ばれるケシ科の美しい多年生草本です。表層の砂礫《されき》が動きやすい高山の砂礫地や火山礫原《れきげん》、あるいは凍結融解によって砂礫が移動する構造土の上面などに生育しており、登山者には大変人気があります。富士山の次は高山植物の代表として八ヶ岳のコマクサをめぐる不思議を取り上げましょう。

コマクサの起源地はカムチャツカ半島から千島列島にかけての火山のようですが、日本では北海道から中部以北の、火山を中心とする高山に分布しています。大雪山系や岩手山、秋田駒ヶ岳、蔵王山、北アルプスの燕岳《つばくろだけ》や白馬岳、烏帽子岳《えぼしだけ》、蓮華岳《れんげだけ》などにはコマクサの大群落があり、多くの愛好者たちがそれを見に山に登ります。

しかしコマクサの分布や生態についてはそれなりに研究されてはいるものの、生育の場である移動礫原の成立要因を地質、地形、気候などの環境要因から複合的に考察した研究はほとんどありません。私はかつて白馬連峰のコマクサの分布が、凍結破砕作用《とうけつはさい》によって細かい岩屑《がんせつ》を生産しやすい流紋岩《りゅうもんがん》地域にほぼ限られていることを指摘しました。また秋田駒ヶ岳の「大焼砂《おおやけすな》」のコマクサ分布地が200年ほど前の新しい噴火活動で生じたことも指摘しました。しかしこの類の研究はいま

4-1　コマクサが生育するスコリア原

だにかなり少ないのが実情です。

八ヶ岳火山群の硫黄岳《いおうだけ》と横岳の鞍部一帯もコマクサが広く分布することで知られています。この地域のコマクサの分布については梅澤芳《うめざわかおり》・増澤武弘《ますざわたけひろ》による研究（２００９）があり、強風地にある砂礫地の存在がコマクサの分布を可能にしていると指摘しています。しかしこの研究では砂礫地は初めからあるものとして扱われ、その成因については不問にされています。したがってコマクサがそこになぜ分布するのか正確には明らかになっていません。私は分布の原因を議論するためには砂礫地の成因から探る必要があると考えました。

八ヶ岳でコマクサの生育する砂礫地は、硫黄岳の斜面などを覆う岩塊斜面とは違ってもっぱら黒や赤のスコリアで出来ています（写真４－１）。

このことから私は硫黄岳と横岳の鞍部にあたる稜線沿いでは、直径数十メートルから100メートル程度の範囲にスコリアを撒き散らす小規模噴火が各地で起こり、それによって砂礫地が形成されたのだろうと予測しました。

このような仮説はこれまでになく、しかもけっこう面白そうなので、山好きのゼミ生に卒業論文のテーマとして調べてもらうことにして希望者を募ったところ、当時3年生だった竹内真冴也《たけうちまさや》君がそれに応じてくれました。彼の調査は3年、4年の2年間にわたり、その間にゼミ生に加え調査中に彼が泊めてもらった硫黄岳山荘の皆さんにも協力してもらったため、たくさんの詳しいデータが採れ、予想をはるかに超える高いレベルに達しました。その結果、私の出した仮説は半ば否定されてしまい（こういうことはときどき起こります）、小規模噴火だけで砂礫地の出来た理由を説明するのは困難なことが判明しました。そこで彼の調査結果を加えてまとめ直したのが本章です。

調査地域について

八ヶ岳は長野県の東部にある火山連峰で主峰は赤岳（2899メートル）です。3000メートルにわずかに足りませんが山容はまさにアルプス的で、一時は「東アルプス」と呼ぼうという話もあったそうです。南端の編笠山《あみがさやま》（2524メートル）から北端の蓼科山《たてしなやま》（2531メートル）までの21キロの間に20以上の火山が並び、日本有数の大型複合火山を形成しています。八ヶ岳は岩質と活動様式の違いから、一般には中央の夏沢峠《なつざわとうげ》を境に北八ヶ岳と南八ヶ岳に2分されます。

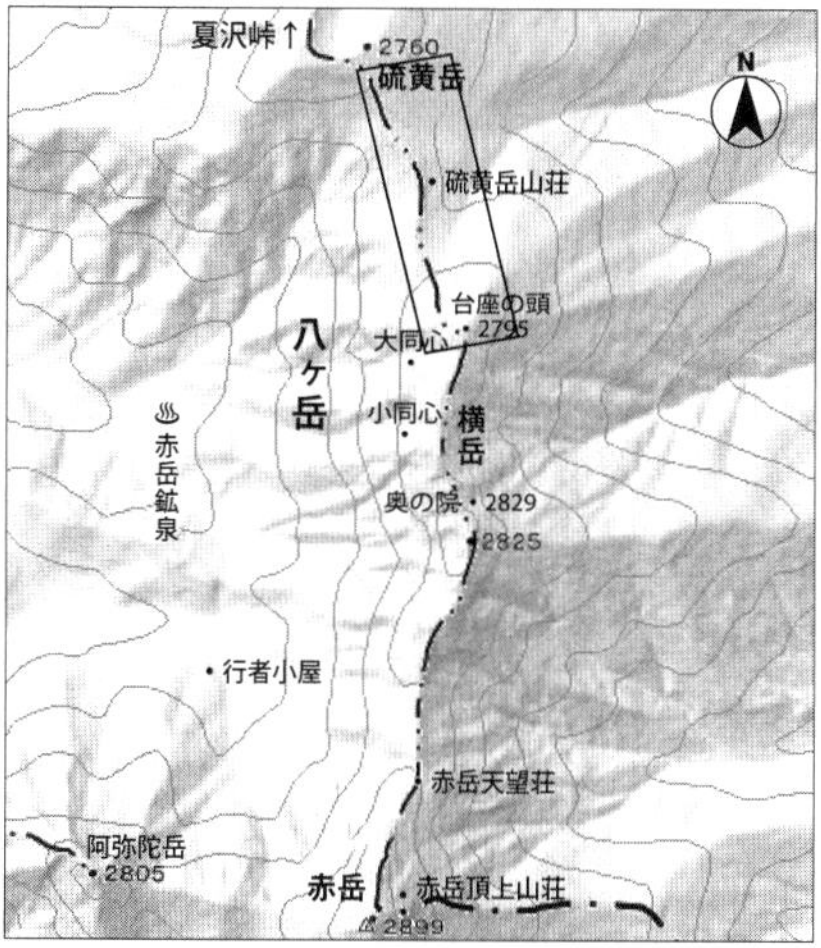

図4-1　調査地域（黒枠の範囲）、基図は国土地理院 GSI Maps

南八ヶ岳は古い火山が多く、山頂部の標高は概ね2700〜2900メートルに達しますが、長期にわたって侵食を受けたために火山の原地形はほとんどなくなり、険しい地形をつくっています。一方、北八ヶ岳は標高が2300〜2600メートルと南八ヶ岳に比べて低く、新しい火山が多いために溶岩ドームなどの火山の原地形を残すところが多くなっています。

調査地は南八ヶ岳の硫黄岳（2760メートル）から横岳（奥の院2829メートル）の北

4-2　南八ヶ岳（中央奥が赤岳、その左が横岳、左端が台座の頭、そこから手前に延びる稜線が調査地域）

部にかけての稜線部です（図4－1）。硫黄岳は新しい火山で活動期は3万2000〜2万3000年前とされ、その北側は大きな爆裂火口となっています。横岳は南半分が20万年前以降に噴出した火山性の溶岩や凝灰角礫岩《ぎょうかいかくれきがん》から成り、侵食が進んでいます。しかし北半分は台座の頭（2795メートル）という名前の新しい火山が横岳の肩に載るように生じており、山容はなだらかです（写真4－2）。台座の頭はごく新しい火山だと推定できますが、噴火の年代は不明です。

　硫黄岳から横岳への稜線には硫黄岳山荘という山小屋があります。調査対象領域の中央付近にあたります。本調査では硫黄岳の南の平坦地から台座の頭までを研究対象地域としました。

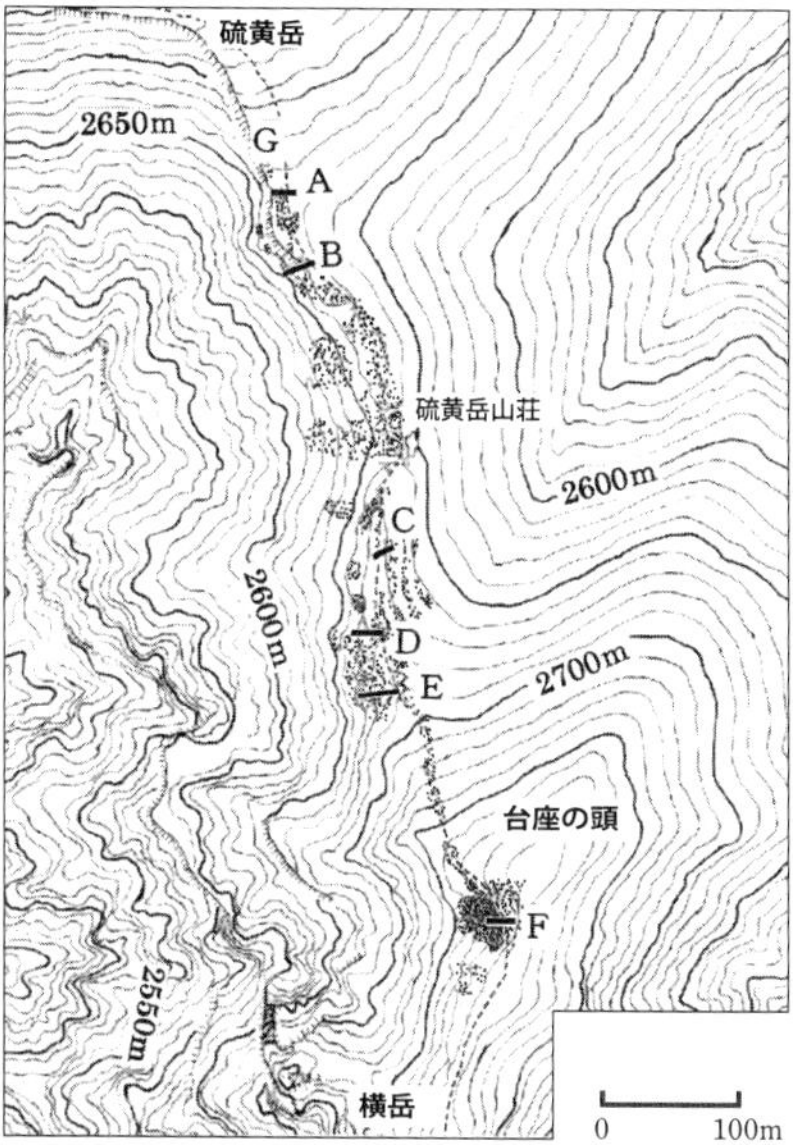

図4-2　コマクサの分布（細かい点がコマクサの分布域、A～Fは測線の位置）

コマクサの分布と表層の地質

現地踏査により作成したコマクサの分布図を図4-2に示しました。コマクサは硫黄岳山荘付近から南北に延びる稜線の西側斜面を中心とする一帯に広く分布します。またそれとは別に台座の頭の西向き斜面にもまとまった分布が生じており、両者を結ぶ登山道沿いにも帯状の分布が見られます。これ以外のところはハイマツ群落や風衝矮低木《ふうしょうわいていぼく》群落、植被《しょくひ》の乏しい岩塊斜面などになっていてコマクサは分布しません。

次に表層地質図を示します（図4-3）。表層地質は岩塊、スコリア、火山砕屑物《さいせつぶつ》、凝灰角礫岩の4つに分け、それに特殊なタ

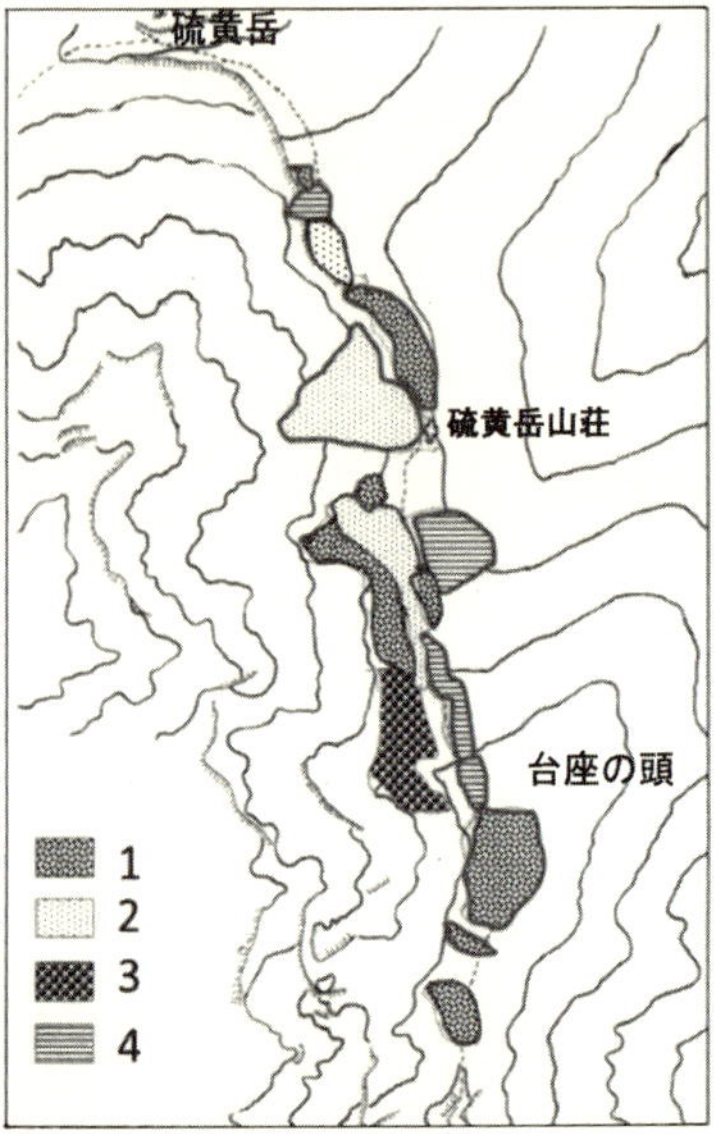

図4-3　表層地質図
凡例
1：スコリア、
2：火山砕屑物、
3：凝灰角礫岩、
4：階段状構造土

イプとして構造土という階段状の微地形を加えました。ただし図では岩塊は表示していません。

　調査地域では稜線を除いて岩塊地が卓越します。岩塊は噴出した安山岩溶岩が、急激な冷却やその後の凍結破砕作用で割れたものです。直径1メートルを超えるものから人頭大のものまで大きさはさまざまで、扁平に割れたものも多数見られます。強風地では岩塊が露出する場所もありますが、ほとんどがハイマツと風衝矮低木群落に覆われています。

　スコリアとは軽石のうち多孔質で暗色のものを指します。大きさは拳《こぶし》大から鶏卵大が多いのですが、数ミリという細かい場合もあり、逆に人頭大から50センチほどの大きさになることもあります。色は黒、青、鮮やかな赤（あるいは朱色）、濁った赤、黄または黄土色などさまざまです。図では色に関わりなくまとめて示しました。

スコリアの分布地はコマクサの生育する砂礫地とほぼ重なっており、これに構造土の分布地を加えるとコマクサの分布地のほとんどをカバーします。スコリアは硫黄岳山荘から南北に延びる稜線の比較的なだらかな西斜面と、台座の頭の西斜面に分布します。

火山砕屑物は凍結破砕作用によって溶岩や岩塊が割れたもので、人頭大程度から数ミリまでと大きさはさまざまです。硫黄岳山荘付近の西側斜面の一部に分布します。コマクサはここにも広く分布します。

凝灰角礫岩は後述のように、十数万年前の成層火山から噴出したスコリアや火山礫が固まったもので、鞍部から台座の頭に登る登山道の南側などに露出しています。

階段状構造土はスコリアや火山砕屑物の岩屑がふるい分けを受けて階段状になったもので、主に硫黄岳山荘の南方１００メートルほどの浅い窪みの内部と、その南の台座の頭に登っていく登山道沿いに分布します。

測線ごとの地形断面とコマクサの分布

代表的なコマクサの生育する場所について6本の測線を引き、コマクサの生育状況と地形、表層地質を調べました。以下順番に記述します。

図4-4のAは図4-2のAの線に沿う地形断面と、そこでのコマクサの生育状況を示します。安山岩の割れた鶏卵大ないし掌《てのひら》大の礫が斜面を形成し、中には人頭大の礫もあります。コマクサは礫間に生じた小さな砂礫地にまとまって生育しています。

図4-4のBはBの線に沿う地形断面と、そこでのコマクサの生育状況を示します。登山道沿いには大きな溶岩の塊が露出して崖をつくり、7メートルほどその状態が続きます。溶岩上にはコメススキが生育しています。それより下方では赤いスコリアと黒い砕屑物が斜面を覆い、そこにコマクサやオンタデが生育しています。

Cの測線は硫黄岳山荘南側の浅い窪地に広がる階段状構造土の分布地に設置しました。傾斜の緩い場所で、構造土の平坦な砂礫地と傾斜した前面が交互に現れます。前面にはハイマツが主に生育し、平坦な上面にコマクサが生育していました。

Dの断面では登山道に近いところでは安山岩礫が表面を覆いますが、少し下ると凝灰角礫岩の層

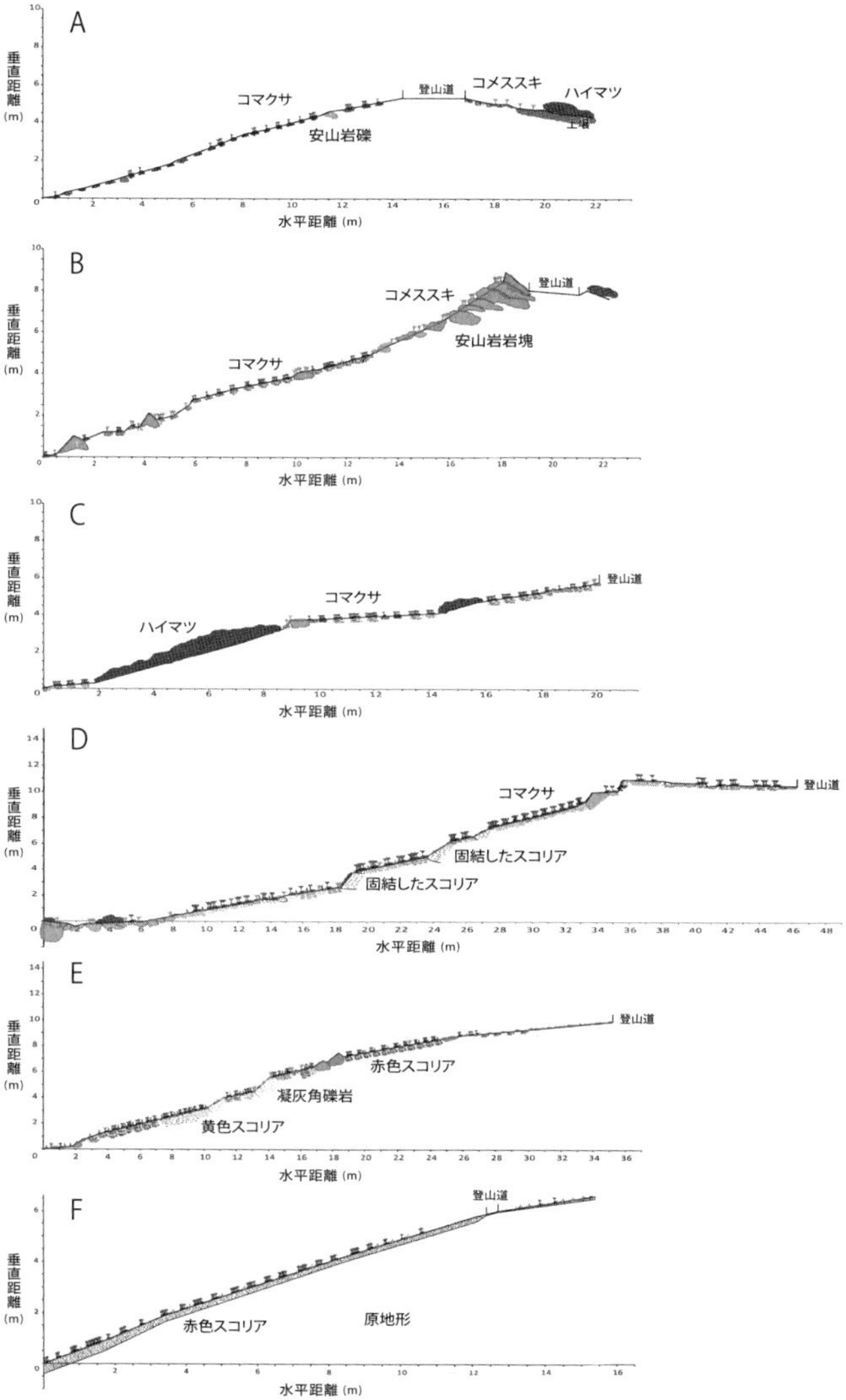

図4-4　図4-2の測線別地形断面とコマクサの分布

4-3　斜面から突出した凝灰角礫岩

が2層、さらに下るとまた安山岩の層が確認できます。これは成層火山形成期の火山噴出物の堆積状況を反映したものだと考えられます。黄色の凝灰角礫岩とその風化分解物である黄色のスコリアから成る崖錐《がいすい》状の砂礫地が広がり、そこにコマクサが分布します。黒や赤のスコリアや安山岩の礫が混じった場所もあります。

　ここは植物が豊かで、コマクサのほかにイワツメクサ、ウルップソウ、コメススキ、キバナノコマノツメ、オヤマノエンドウ、チョウノスケソウ、ミヤマシオガマなどが確認できました。

　Eの測線は鞍部の南端にあたり、そこから登りにかかる辺りの西向き斜面に設置しました。登山道から10メートルほどは平坦で直径20〜30センチの安山岩礫が点在し、その間を細かい火山砕屑物が埋めて

4-4　台座の頭（コマクサの分布するスコリア斜面）

砂礫地をつくっています。コマクサは大きな礫を避けるように生育しています。平坦地の縁には安山岩の巨礫があり、その先は急な斜面になっていてところどころに1〜2メートルほどの段差があります（写真4-3）。この段差は直径1〜7センチの赤いスコリアが固まった凝灰角礫岩から成り、その前後は凝灰角礫岩が崩れて生じた赤いスコリアに覆われていて、そこに高い密度でコマクサが生育しています。粒径はコマクサのあるところが3・3センチ、ないところが16・2センチでした。斜面の下方は安山岩の溶岩層から成る高い崖になっています。

一帯の植物は豊かで、コマクサのほかにハイマツ、ウルップソウ、イワウメ、チョウノスケソウ、オヤマノエンドウ、ミヤマダイコンソウ、ミヤマシオガマ、ガンコウラン、ミネズオウ、コメススキ、キバ

4-5　地点G（黒スコリアの散乱する噴火跡）、背後の丸い山は硫黄岳

ナノコマノツメなどが観察できました。礫の小さいところほどコマクサが多くなる傾向がありました。

Fの断面は、台座の頭の西向き斜面の上部に設置しました。ここは粒径3〜5センチほどの赤いスコリアが一面に広がる斜面で、コマクサが大群落をつくっています（写真4-4）。全測線中最もコマクサの株数が多いところでした。スコリアは赤系が8割、残りが黄系で、ところどころに拳大程度のスコリアが見られます。スコリアの平均的な大きさはコマクサのあるところが4・4センチ、ないところが6・2センチでした。

ここには侵食によって生じたガリー（水流によって地表面が削られて出来た溝）がなく、スコリアが新期に降り積もったことが明白です。植物はコマクサがほとんどでしたが、オンタデやヤツガタケキスミレも確認できました。

次に平坦地に生じたコマクサ群落の例を記載します。A測線のさらに北、調査地域の最北端にあたる場所では、硫黄岳から続く周氷河性の岩塊斜面を円形に壊すように黒いスコリアや火山性の岩塊が分布します（写真4-5）。ここも小噴火によって生じた場所と考えられ、わずかにコマクサが生育します。以下、ここを地点Gとします。

砂礫地はどのようにして出来たか

前述のようにスコリアや火山砕屑物から成る砂礫地の成因について、私はスコリアから成る砂礫地が小噴火で生じたものだと予測しましたが、竹内君の調査でそれに該当するのは測線Fの台座の頭付近と地点Gだけに過ぎないことが明らかになりました。測線のAからEまでは成層火山の時代の古い噴出物が、上に載っていた溶岩などの層が侵食によって取り去られたために露出し、それが凍結破砕などによって破砕され砂礫地をつくったものです。写真4-2に見られるように、硫黄岳―横岳稜線の下方には斜めに傾いた成層火山の構造が見えます。これは十数万年前に噴出したと

4-6　十数万年前に堆積したさまざまな色のスコリア層

推定されている火山の堆積物で、火山の中心部が侵食によって取り去られて谷になったために、東側の山体が残ったものです。図4-3に示したように、硫黄岳－横岳稜線にはスコリアが固まった凝灰角礫岩が広く露出しています。それが冬季の厳しい気候条件下で風化、分解してスコリアの粒子になり、それがコマクサの生育に適した砂礫地をつくり出したわけです。凝灰角礫岩を構成するスコリアの色は赤、黒、黄と変化が激しく、それがさまざまな色の砂礫地をつくり出すことになりました（写真4-6）。

一方、稜線部に溶岩があっても、溶岩層が20センチ程度と薄い場合にはやはり凍結破砕作用によって破壊され、火山砕屑物の礫から成る立地をつくり出していました。礫が大きめなために数は少ないのですが、ここもコマクサの生育地となっています。

なおよく観察すると、凝灰角礫岩層中に厚さ数十センチ程度の溶岩層がある場合には、測線Ｅのようにそこだけが崖になって階状土《かいじょうど》をつくり出すことがあります。

まとめ

以上見てきたように、八ヶ岳の硫黄岳と横岳の鞍部を中心とする一帯にはコマクサが広範囲に生育しています。その理由を探るためにコマクサの生育する砂礫地に注目し、その成因を地生態学な視点から検討しました。砂礫地は主に赤や黒、黄のスコリアで出来ており、その一部は台座の頭のように新期の小噴火でもたらされたものです。しかし他の多くは十数万年前の成層火山時代の古い噴出物で、上に載っていた溶岩などの層が侵食によって取り去られたために地表に露出し、それが凍結破砕などによって壊されて砂礫地をつくったものです。硫黄岳－横岳稜線にはたまたまスコリアが固まった凝灰角礫岩が広く露出していました。それが冬季の厳しい気候条件の下で風化し分解してスコリアの粒々になり、コマクサの生育に適した砂礫地をつくり出したのです。また稜線部に溶岩があっても層が薄い場合にはやはり凍結破砕作用によって破壊され、溶岩起源の礫から成る立地をつくり出しました。このように、硫黄岳付近のコマクサの生育する砂礫地は予想外の成因によるものでした。横岳の山頂部の稜線沿いにも同じタイプのコマクサの分布地がありますから、登山の際には注意深くご観察ください。

文献

梅澤芳・増澤武弘（２００９）「八ヶ岳におけるコマクサ純群落の成立要因」、長野県植物研究会誌、42：21-28

第5章

早池峰山　謎だらけの植生分布

蛇紋岩植物の宝庫

早池峰山《はやちねさん》（1917メートル）は北上高地の最高峰で、日高山脈のアポイ岳や至仏山、四国の東赤石山と並んで日本有数の橄欖岩《かんらんがん》・蛇紋岩《じゃもんがん》の岩体（橄欖岩は地下のマントルを構成する岩石で、地表に現れる過程でほとんどが変成して蛇紋岩になる）から成ることで知られています。またエーデルワイスの仲間であるハヤチネウスユキソウをはじめ、カトウハコベやナンブイヌナズナ、ナンブトラノオ、ナンブトウウチソウなど蛇紋岩植物の宝庫でもあり、たくさんの植物愛好家を魅了している「花の名山」でもあります。写真5‐1は小田越《おだごえ》付近から見上げた山頂部ですが、森林限界の上が急に険しい橄欖岩の岩山に変化する様子がよく分かります。

山の斜面上部には最終氷期に形成されたと見られる岩塊斜面が発達し、凹凸の少ない斜面を形成することが知られています。岩塊斜面の末端は小田越登山口からのコースで、「海抜1396メートル付近まで低下しており」（清水、1994）、そこはオオシラビソやコメツガなどから成る亜高山針葉樹林と、ハイマツやコメツガから成る低木林の境界、つまり森林限界に一致しています（図5‐1）。

森林限界の低下原因は、植物にとって有害な成分を含む橄欖岩の岩塊斜面にあると考えられてお

5-1　小田越から見上げた早池峰山頂部

り、森林限界は気候的に推定される高度よりおよそ700メートルも低下しています。このために高山帯の領域が広がり、普通の山よりはるかに低い標高で高山植物に出会うことができます。このことも多くの登山者を引きつける要因になっています。

2016年の見直し登山

早池峰山には40年ほど前から何回も登っているのですが、近年は自然観察のガイドをしながらのことが多く、じっくり観察している時間がありませんでした。そこで2016年の夏はガイドをせずにゆっくり登りました。その結果、これまで見落としていたことがいくつもあることに気がつきました。

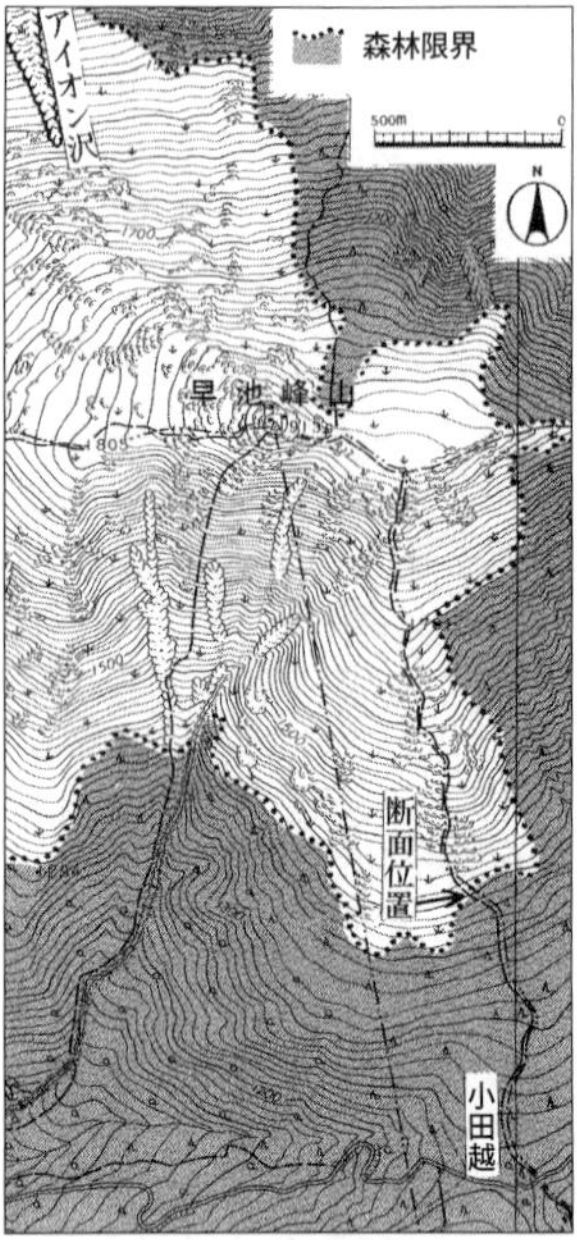

図5-1　早池峰山の森林限界（清水、1994）

登り口は小田越です。ここは花巻から大槌町《おおつちちょう》や宮古市《みやこし》へ抜ける道路の峠（標高約１２５０メートル）にあたっており、早池峰山や南の薬師岳への登山口になっています。

小田越からの登山道は最初はなだらかで木道が設置されており、高さ6～8メートルほどのオオシラビソやコメツガの森の中を辿ります。その後、木道は切れ、拳《こぶし》大から20センチぐらいの礫がゴロゴロしたごく普通の登山道になります。転がっているのは砂岩の礫で、ときどき真っ白な大理石の塊に出会います。砂岩や大理石は小田越層という古生代石炭紀の古い地層をつくっていたものです。登山道の両側は高さ１メートル弱の崖になっていて、礫や火山灰混じりの土層が露出しています。登山道やその周囲に黄褐色をした直径１メートル前後の丸みを帯びた岩塊がたまに転がっているのが見えますが、これは橄欖岩の岩で上部の斜面から転がり落ちてきたものです。

5-2　一合目、岩塊斜面の末端

針葉樹の樹高が低くなってきたころから橄欖岩の岩塊が目立つようになり、1400メートル付近で突然、直径が2〜3メートル、中には5メートルほどもある巨大な岩塊が累々と堆積した岩塊斜面に移行します（写真5-2）。移行部には高さ2メートルぐらいの段差が出来ていてダケカンバが生えています。岩塊斜面の下限は森林限界に一致しており、急に展望が開けるので登山者はほぼ全員がここで一息入れます。ここが一合目です。

ここから上、植物は低木化したコメツガとハイマツが優占するように変化しますが、斜面の3割ほどは巨大な岩塊がそのまま顔を出しており（写真5-3）、凍結破砕作用で大きな岩を割って運んだ氷期の自然の力をまざまざと感じさせます。ハイマツやコメツガは岩塊の隙間で発芽し、岩塊を覆う程度の

5-3　岩塊を覆うコメツガの低木とハイマツ、上部は岩盤になっている

高さにまで成長しますが、それより高くなると強風の害を受けるのでそれ以上には伸びません。

　登山道沿いにはマルバシモツケやハクサンシャクナゲ、ミネザクラ、コメツツジなどの低木と、ナンブトウウチソウやカトウハコベ、ホソバツメクサ、ミヤマアケボノソウ、コミヤマハンショウヅルなどさまざまな種類の草本を見ることができます。

　ところで一合目から上は橄欖岩地に変化するのですが、よく見ると岩塊斜面が卓越するところと、基盤が露出して険しい崖をつくるところが交互に現れることが分かります。一合目からしばらくは岩塊斜面、二合目付近は基盤、三、四合目付近は岩塊斜面、五合目の直下が基盤といった具合で、全体が階段状になっています。基盤岩の部分では植物は岩の隙間に生育できるだけですから、植被《しょくひ》の割合は当然なが

5-4　直線状になった岩塊斜面の末端

ら減少します。

二合目の手前辺りから見下ろすと、岩塊斜面の末端が等高線に並行して真っすぐに延びていることが分かります（写真5-4）。上部の崖で生産された岩塊がここまで移動したということなのでしょう。

一合目と二合目の間ではハヤチネウスユキソウがほとんど見られないのですが、二合目の岩場を越え、三合目付近の岩塊斜面になると少しずつ出てきます。ただし直径が3、4メートルもあるような岩塊が累積した斜面よりも、10センチから1メートル程度の小ぶりな岩塊の斜面や礫地を好むようで、そうした場所にイネ科の草本やミヤマオダマキと一緒に生えています。

四合目辺りでは人頭大の礫が集まった場所が増えてきて、そこにイネ科草本とハヤチネウスユキソウやミヤマオダマキ、ナンブトウウチソウ、カトウハコベ、ミヤマヤマブキショウマ、ホソバツメクサなどが草原をつくります。風食を受けて荒れた感じのするところもありますので、風が強く当たることが草原の分布に影響しているようです。

五合目での変化

早池峰山の植生は五合目で大きく変化します。このことには今回初めて気がつきました。五合目の下は基盤から成る顕著な崖ですが、そこを越えると眼前には突然なだらかでスムーズな地形が広がります。ほとんどがハイマツに覆われた広々とした斜面で、それが六合目付近まで続きます（写真5-5）。これまでに登ったときにも同じ角度から写真を撮っているので「何か変わったな」と思ったことは間違いないのですが、前回までは原因を探らないまま通過してしまいました。

ハイマツ低木林は「ハイマツの海」と呼んでもいいほどの広がりを見せています。登山道沿いなどでハイマツの下をのぞいてみますと、人頭大から直径40センチくらいの角礫がびっしりと堆積しています。ところによってはその隙間を細かい礫が充塡しています。これも橄欖岩地と同様、氷期

5-5　五合目～六合目付近のハイマツ低木林

に基盤岩が凍結破砕作用によって割れて出来た礫斜面であることは間違いありません。ただ粒径が極端に異なるので明らかに地質が変化したことが考えられます。

　早池峰山といえばこれまで山体の上部はすべて橄欖岩（蛇紋岩）だと単純に考えていたのですが、中腹にはそうでない部分があったのです。一合目から五合目までの斜面を覆っていたのは粗大な橄欖岩の岩塊でしたが、五合目から上、七合目までの斜面に載っているのは灰色や青灰色の礫、もしくは表面が白く風化した礫です。したがって当初、私は橄欖岩の岩体に載ったまま持ち上げられた小田越層の砂岩ではないかと考えました。しかし産業技術総合研究所地質調査総合センター（旧地質調査所）発行の地質図を見ると、岩質は斑糲岩《はんれいがん》～閃緑岩《せんりょくがん》、ドレライト（粗粒《そりゅう》玄武岩）および玄武岩となっており、火成岩であることが分かります。砂岩などの堆積岩ではありませんでしたが、同じような割れ方をする岩石だったことになります。

礫地を覆うハイマツ低木林の樹高は20～40センチぐらいしかなく、これは冬の積雪深にほぼ一致していると考えられますので、ハイマツは互いに支え合って強風の害から免れていると見ることができます。ハイマツがびっしりと覆っているためにほかの植物は分布が限定されています。

しかしハイマツの林床の礫地には、氷期に礫が斜面上を移動したときにつくった舌状の押出しや高まりといった微地形があり、それが斜面に比高数十センチのわずかな凹凸をつくり出しています。このうち出っ張った部分には風が強く当たるために、そこではハイマツの生育が困難になり、代わりにイワウメやクロマメノキ、イワスゲ、サマニヨモギ、ミヤマキンバイなどが帯状に生育して草原（正確には風衝矮低木群落《ふうしょうわいていぼく》）をつくっています。

風がさらに強く当たる場所では礫が広く露出して（写真5-6）植被率が下がりますが、そこにはイネ科草本とハヤチネウスユキソウやミヤマオダマキが多数分布します。

七合目付近に至ると地形はほとんどが崖錐《がいすい》（上部の崖から落下してきた岩屑《がんせつ》が堆積して出来る地形）になり、ハイマツはわずかになって草原が優勢になります。ここではハヤチネウスユキソウ（写真5-7）やミヤマオダマキにミヤマアズマギク、ナンブトラノオ、ナンブトウウチソウ、サマ

5-6　強風地に露出した礫層

5-7　ハヤチネウスユキソウ

ニヨモギ、ミヤマヤマブキショウマ、キバナノコマノツメ、イワベンケイ、イワウメ、キンロバイ、ミヤマキンバイなどが加わって、まさにきれいなお花畑の様相を呈します。今回はもう花が終わってしまっていましたが、ナンブイヌナズナもこの辺りには多かったはずです。

こうして見てくると早池峰山は蛇紋岩植物の代表的な分布地とされていますが、そのコアになっているお花畑はじつは橄欖岩（蛇紋岩）地ではなく、玄武岩質の岩が砕けた礫斜面にあることが分かります。七合目の上部には橄欖岩の岩盤があり崖をつくっているので、そこから落下してきた橄欖岩や蛇紋岩の礫が礫斜面に混じって影響を与えていることは確かなのですが、本当は蛇紋岩植物といっても橄欖岩の岩しかないところはあまり好きではないのかもしれません。

もうひとつは橄欖岩の岩塊斜面ではハイマツとコメツガの低木が優占し、また五合目より上の礫斜面ではハイマツが優占するため、草本が分布できる草原は七合目付近の風の強いところに限られ、それが蛇紋岩植物の集中的な分布をもたらした可能性があります。この点についてはさらに調べる必要がありそうです。

なおこの辺りから登山道の東側の浅い谷をのぞき込むと、森林が谷筋に沿って上昇してきているのが分かります。図5-1にもそれが表現されており、標高1700メートルぐらいまで亜高山針葉樹林があります。これは地質が橄欖岩でないことが原因だと思われますが、現場へ近づけないので正確なことはわかりません。

八合目から上

七合目の上部は橄欖岩の崖になっており、長いはしごが架かる岩場が続きます。岩場を下から見上げると表面の岩盤がタマネギの鱗片葉《りんぺんよう》のように剝離して、その下の岩盤が露出しているのが見えます。なかなか面白い地形です。

崖を越えると八合目の肩に出て地形は急に平坦になります。ここにも橄欖岩が露出していて凹凸のある地形が続きます。

その先にはもう稜線が見え橄欖岩がつくる崖が立っていますが、その手前には小規模ですが五合目から上を見たときと同じ、ハイマツに覆われたスムーズな斜面が広がっています。じつはここでも五、六合目と同じ火成岩の礫が斜面をつくっています。

九合目で主稜線に出ます。稜線上は広くなだらかで、雪が吹き溜まるところには湿性の植物群落が出来ています。

一方、稜線の北側は南側より若干なだらかな斜面になっています。こちらは山頂のすぐ近くまで亜高山針葉樹林が上昇してきています。ここは五、六合目と同じ火成岩で出来ているようですが、残念ながら私は確認していません。

文献

清水長正（１９９４）早池峰―森林帯の寸づまり現象―、小泉武栄・清水長正編『山の自然学入門』、44-45、古今書院

第6章

飯豊山1

強風と多雪がもたらした偽高山帯の植生景観

偽高山帯の代表

飯豊山《いいでさん》は福島、山形、新潟の3つの県境の交点にあるゆったりとして落ち着いた山容を示す連峰で、古くから山岳信仰の山としても知られています。標高は2100メートルをわずかに超える程度でそれほど高くないのですが、亜高山針葉樹林が存在しないために、中腹から山頂部にかけては偽高山帯の湿性や乾性の美しい草原が広がります。残雪や雪渓も豊かです。また氷河地形や構造土、風食地形もあるなど、じつに多彩な自然が展開します。

小型の山脈・飯豊山地

飯豊山は名前からはひとつの山のように思えますが、大雪山や八ヶ岳などと同様、多数のピークを擁する小型の山脈です。通常は飯豊山地と呼ばれ、主峰は飯豊本山《いいでほんざん》（2105メートル）です。最高峰・大日岳《だいにちだけ》（2128メートル）は主稜線から外れています。北西側から杁差岳《えぶりさしだけ》、門内岳《もんないだけ》、北股岳《きたまただけ》、烏帽子岳《えぼしだけ》、御西岳《おにしだけ》、飯豊本山、草履塚《ぞうりづか》、種蒔山《たねまきやま》、三国岳《みくにだけ》などと、標高1600〜2000

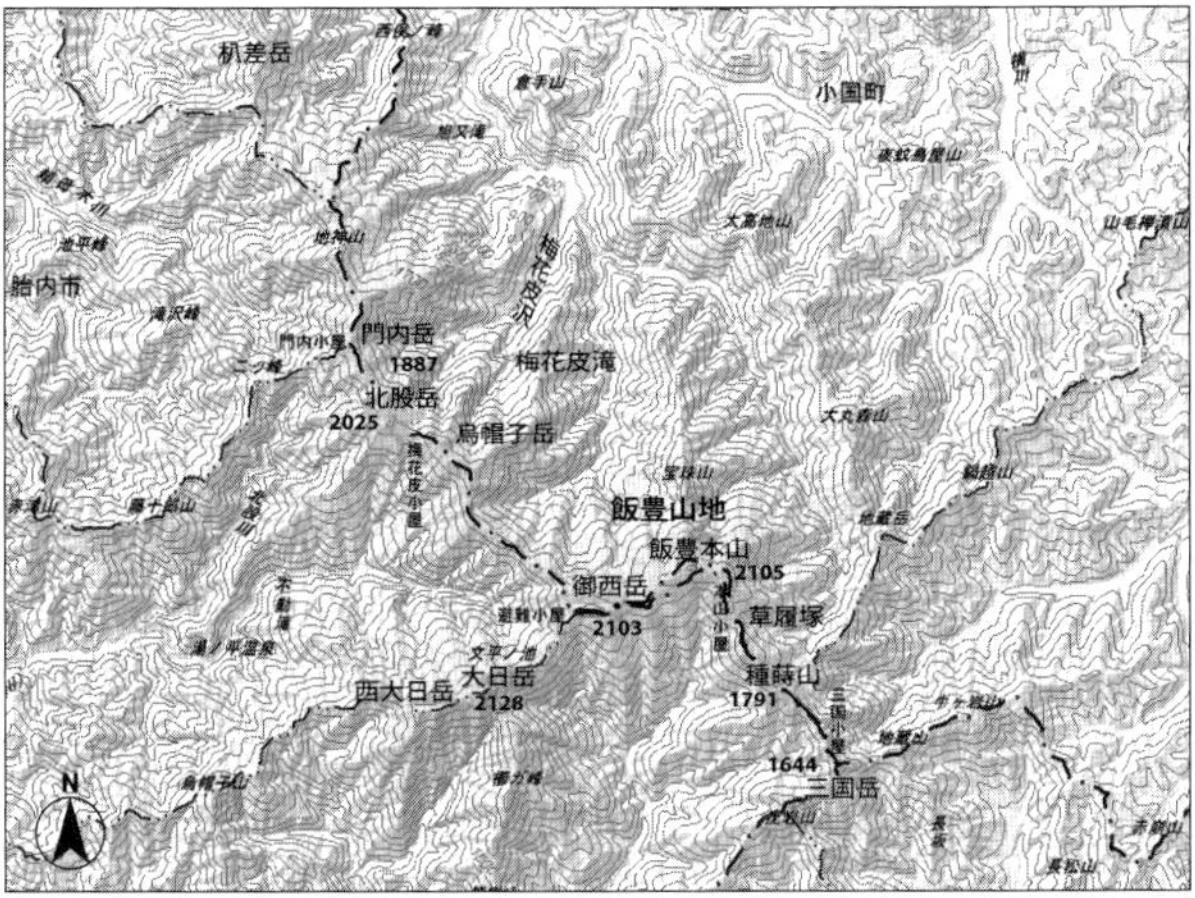

図6-1　飯豊山概念図（基図は国土地理院 GSI Maps）

メートル前後のピークがいくつも連なり、奥深い山岳地域を形成しています（図６-１）。主稜線は小さくうねりながら北西から南東方向に延び、そこからいくつもの長い支尾根を派生させています。地質は主に花崗岩から成り、一部に古生層が分布します。

岩山と湿性草原と

飯豊山地は飯豊本山と御西岳の間で性格が大きく変化します。飯豊本山を含む南東（福島県）側は岩山が卓越し、それに乾性の草原と砂礫《されき》地を交えるという構成になっています。しかし大日岳と御西岳より北西側では残雪が豊かで湿性の草原が広がり、典型的な偽高山帯の景観を示しています（写真６-１）。

6-1　偽高山帯の植生景観

その違いはきわめて明瞭なものです。両者を観察するには何日かをかけて飯豊山地を縦走するしかありませんが、苦労するだけの価値は十分にあるので、自然が好きな人はぜひ試みてください。ただ標高差が大きい上、山小屋はすべて避難小屋で原則自炊ですから注意が必要です。ここでは会津側の川入《かわいり》からのコースを主に紹介します。

川入から地蔵山まで――ブナ林の中の登り

川入から車で長い谷を詰め、ようやく標高600メートルに近い登山口・御沢《おさわ》に到着します。立派なスギの大木があります。ここから支尾根に取りつき地蔵山《じぞうやま》への登りにかかります。標高差約９００メートルの急登です。途中はみごとなブナ林になっています。直径１メートル近い大木のほか40〜50センチのもの、20〜30センチのもの、もっと若い個体、さらには幼樹とさまざまな年代のブナがそろっています。これはブナ林の更新がうまくいっていることを示しています。さすがに日本を代表する多雪山地です。林床にはササがありますがまばらで、ブナの更新の邪魔にはなっていないようです。

山の表層地質は真砂化した花崗岩ですが、登山道は深くえぐられた急な部分と平坦で歩きやすい部分とが交互に現れ、いわば階段状になっています。なぜこうなるのかよくわかりませんが、河川の遷急点《せんきゅうてん》（急に傾斜がきつくなる地点）の現れ方によく似ています。地蔵山でようやく主稜線に出ました。

地蔵山から切合小屋まで——岩場を行く

主稜線はそれまでとは一転して岩盤が露出し、危険な岩場歩きが連続するようになります。標高はブナ帯の上限から亜高山帯下部にあたりますが、先に述べたようにこの山では針葉樹林は欠如しているために、代わってリョウブ、オオカメノキ、ガマズミ、ミヤマナラ（ミズナラの低木）、ヤハズハンノキ、ミヤマハンノキなどの低木が生育します。ブナ林の上限は１４００メートルぐらいにあります。途中に基盤の割れ目から豊かな地下水が湧き出しているところがあります。すぐ背後は稜線なのでなぜ地下水が出るのか不思議です。

岩尾根歩きが続き、大きな岩盤を登りきると剣ヶ峰です。ハイマツが現れダケカンバの小さな林もあります。このピークを越えるとすぐに三国岳への登りにかかります。左前方に三国岳を仰ぎながら登っていくと、支尾根との間の浅い谷間に出来たツルツルに磨かれた岩盤が目に入るようになります。傾斜は20度ぐらいでそれほど急ではありませんが、斜面長で２００メートル余りにわたって花崗岩の岩盤が露出しています（写真6-2）。一見雪崩がつくったアバランチシュート（浅いU字形の溝）に似ていますが、表面は風化して赤く変色していますので現在形成中の地形ではないことがわかります。おそらく氷期の氷河が削ったものでしょう。稜線に近い場所でもみごとな擦痕《さっこん》（写真6-3）があったので間違いないと思います。

飯豊山に氷河があった可能性については、米地《よねち》ほか（１９７０）や五百沢《いおざわ》（１９７４）をはじめ、何人かの地形学者が指摘しています。しかしこの岩盤だけでなく、三国岳の北方稜線沿いにも氷食によって出来たと見られる岩盤や小さなカール状の地形があります（写真6-4）。また山形県側か

6-2　氷河が削った花崗岩の岩盤

6-3　氷食擦痕

6-4　小さな氷食地形。スプーンでえぐったような窪みがいくつも見える

らの代表的な登路である石転《いしころ》び雪渓のある梅花皮沢《かいらぎさわ》にも、氷河起源と考えられるカール（写真6－5）と砂礫質の堆積物や迷子石《まいごいし》（写真6－6）があるので、氷期の飯豊山には北東に延びる谷筋を中心に広い範囲に氷河が存在したようです。梅花皮沢上部の石転び雪渓は現在でも日本最大級の雪渓ですが、氷期では間違いなく長い氷河だったはずです。

　三国岳と次のピーク種蒔山とを結ぶ稜線の北東側には、そうした氷河起源と思われる地形が多数存在して顕著な非対称山稜を形成し、風背《ふうはい》側（風を受けない側）の斜面はキンコウカなどの湿性草原に覆われています。

　種蒔山を越えると残雪と雪田植生が目立つようになってきます。侵食を免れた山頂部のなだらかな部分に雪の吹き溜まりと雪食凹地《せっしょくおうち》が出来ています（写

6-5　梅花皮沢源頭のカール（山は北股岳）

6-6　梅花皮沢の迷子石は氷河が置いていった岩塊

6-7　種蒔山山頂付近の雪食凹地

真6-7）。残雪の周りの雪が消えたばかりのところにはショウジョウバカマが新芽を伸ばし、その周辺ではイワイチョウやハクサンコザクラが生育を始めています。その外側ではカラマツソウやモミジカラマツ、シラネアオイなどが開花の準備をしています。ニッコウキスゲの姿も見えます。みごとな同心円状の植生分布です。残雪の横の小さな高まりにはアオノツガザクラとチングルマの群落が出来ていて、消雪後はやや乾燥する場所であることを示しています。似たような小さな残雪が沢ごとに出来ています。

残雪のあるところはなぜ窪むのでしょうか。これについては平標山《たいらっぴょうさん》や月山《がっさん》で調査がされており、雪解け水による侵食はほとんど生じていないといいます。しかし雪解けが極端に遅れるところは植物の生育が困難になってしまい裸地が出来るために、秋口に強い雨があると雨水による表土の侵食が起こって窪みが出来るようです。

切合《きりあわせ》小屋は草履塚との鞍部の手前にあります。初日はここで泊まりです。稜線に出てからの登りがけっこうあるので、初日の登りだけを合算しても１７００メートルほどになります。やはりきつい山です。

草履塚を経て山頂へ

翌日もいい天気です。飯豊本山は草履塚に隠れて見えませんが、大日岳や御西岳はよく見え、残雪が多いのが分かります。

種蒔山と草履塚の間の鞍部は平坦地になっていて、広い砂礫地が何カ所も広がっています（写真6-8）。あまりに広いので、砂礫地はハイマツを燃料として取り去った後に出来た人為的なものか、それとも自然に出来たものなのかと議論が始まりました。しかし一帯は強風地にあたり、もともとハイマツはなかったのではないかという結論が出て、結局、砂礫地は自然に出来たものだろうということになりました。

6-8　種蒔山・草履塚鞍部の平坦な砂礫地

砂礫地にはところどころに直径数十センチのコアボルダーと見られる丸みを帯びた岩がころがっています。高さ2メートルぐらいの岩盤の高まりになっているところもあります。どうやら花崗岩に入った節理の多寡が原因で、風化が進んだ部分と硬い基盤のままの部分とが交互に出来、風化の進んだ部分からは礫が生産されて砂礫地が発達したようです。硬い基盤の部分は岩盤の突出部を形成するようになりました。砂礫地の縁の部分や岩の陰にタカネマツムシソウの群落とコキンレイカの群落があり、満開できれいです。マルバシモツケの群落やガンコウランの群落もあります。

草履塚への登りはそれまでとは一転して風背斜面を通るようになります。イワイチョウやチングルマ、ハクサンコザクラなどから成る湿性の植物群落の中

6-9　花崗岩風化層に生じた侵食（草履塚への登り）

を行きます。花はきれいですが花崗岩の深層風化が進み、沢や登山道がそこを深くえぐっているために深い溝が出来、痛々しい感じがします（写真6-9）。残雪から長期にわたって水分が供給されるためにここは基盤の深層風化が進み、侵食に弱い体質になったのでしょう。雪解けが早いところにはベニバナイチゴやハイマツが生育しています。

草履塚のてっぺんに着くと飯豊本山が正面に見えます（写真6-10）。草履塚の名は飯豊山への参拝時にここで身を清めるために、草履を履きかえたことに由来するといいます。同行した和田《わだ》美貴代《みきよ》さんはここで厚い植物図鑑を2冊も取り出して分からない植物の名前を調べ始め、こんなに重い本をよくも担いできたものだと私たちを呆れさせました。専門家というものはやはり大変なものです。

6-10　草履塚から飯豊本山を望む

草履塚からの下りは一転して風の強い斜面になり、再びタカネマツムシソウの群落が現れました。イブキトラノオやヨツバシオガマの群落もあります。砂礫地も出てきました。途中からは拳《こぶし》大から人頭大の礫と直径数十センチの岩塊が混じった岩礫地に変化しましたが、それに対応してミヤマウスユキソウが分布するようになりました。ミヤマウスユキソウは礫が緩んでやや不安定になったようなところに特に多く出現する傾向があります（写真6－11）。イワウメやウラシマツツジのマットの中に生えていることも多いのですが、単独だったりイワスゲと一緒だったりするほうが居心地がいいようです。

ところによってはハイマツ群落やチシマザサ群落が現れ、風衝地《ふうしょうち》や残雪周辺を避けてわずかな微高地に斑状に分布します。ハイマツ群落にはハクサン

6-11　草履塚北面の不安定な礫地に生育するミヤマウスユキソウ

シャクナゲ、ミネカエデ、ミネザクラ、タカネナナカマドなどが混入し、林床にはコケモモ、ガンコウラン、ミツバオウレンなどが生育しています。

鞍部に下りて姥権現《うばごんげん》が近づくと、一帯に階段状構造土が見られるようになってきました。ミヤマウスユキソウやコキンレイカが構造土の縁の部分に生育しています。強風の吹き抜けることが構造土やミヤマウスユキソウが分布する原因なのでしょう。

姥権現から山頂まで

姥権現を過ぎようやく本山への登りにかかりました。最初に出会うのが御秘所《おひそ》の岩場です（写真6-12）。北側がオーバーハングした危険な場所で事故も起こっています。岩盤には南側に傾いた節理が発達しており、北側が氷河で大きくえぐり取られたため極端に非対称な稜線になったようです。

その先は一時的に平坦地になり、階段状構造土や縞状の植被《しょくひ》が見られます。しかしまたすぐに御《お》前坂《まえざか》の登りに移ります。登りは全体が花崗岩の岩塊斜面になっており、その上を丈の低いハイマツ低木林やムカゴトラノオなどの草原が覆っています。ところどころに不安定な礫地があり、そこにはミヤマウスユキソウやイワスゲが生育しています。タカネツメクサもあります。通常こういう場所にはイワツメクサが生育しているのでいささか不思議です。

飯豊本山小屋が近くなると再び平坦な砂礫地が現れました。だだっ広い土地が植物を欠いたまま広がっています。やはり吹き抜ける冬の強風と霜柱や、凍結融解作用による砂礫の移動が無植生の原因になっているようです。

すぐに飯豊本山小屋に到着。小屋の横に飯豊山神社があるので山に敬意を表して参拝しました。ここから山頂までの標高差は小さく、なだらかな砂礫地と基盤や岩塊地から成る高まりが何回も交代します。原因は草履塚下の鞍部と同じだと思われます。

ここでは稜線がほぼ東西に延びるために冬の風は稜線の両側を吹き抜ける形になり、稜線のちょっとした向きの違いを反映して植生は目まぐるしく変化します。風の強い場所にはミヤマウス

6-12　御秘所の岩場

ユキソウやウラシマツツジ、ムツノガリヤス、それに３種類のコゴメグサなどが草原をつくります。筆者がかつて北股岳の鞍部から報告したような（小泉、２００２）、強風による植被の破壊が逆に植物相を豊かにするという現象がここでも確認できました（これについては次の章で紹介します）。一方、やや風が弱いところにはイイデリンドウが小さいけれども美しい青い花をつけ、ガンコウランがその周りを覆っています。

面白いことに稜線をはさんで南北両側の20〜30メートルほど下がったところには湿性草原が発達しており（写真６‐13）、ところどころに池塘《ちとう》が出来ています。じつに美しい風景です。

6-13　飯豊本山山頂近くの湿性草原と池塘

弘法清水まで

山頂付近には岩塊斜面が発達し、その先には階段状構造土も見られます。私たちはその先の弘法清水を目指して下りました。そこには大きな残雪があり、ヌマガヤやショウジョウスゲから成る湿性草原やササ原が広い平坦地に展開して、岩がちだった今までとは違う飯豊山の別の面を示します（写真6－14）。ニッコウキスゲはササ原と湿性草原の境目付近に列状の群落をつくって出現します。なぜここに現れるのか、地下水と関係があると思われますが、調べた人がいないので不思議なままです。

主稜線沿いにはところどころ、ここや御西岳に見られるような広い平坦地があります。山頂付近にももっと高い平坦面があったことを考えると、平坦面

6-14　御西岳手前の平坦地を覆うササ原

は3段ぐらいに分かれそうです。これはおそらく山地が隆起する前から存在した小起伏面の名残だと思われます。山の急な隆起に周辺から斜面を刻む河川の侵食が追いつかないために生じたものでしょう。

私たちはここから山頂に引き返して切合小屋に戻りましたが、飯豊山の素晴らしさを改めて確認した山登りでした。

御西岳から北股岳まで

御西岳から先は今回の登山では行きませんでしたが、なだらかな稜線沿いには湿性の草原や池塘が広がりじつに美しいところです。登山口は山形県の小《お》国町《ぐにまち》なので、こちらも稜線に出るまでに１４００

メートルほどの直登を強いられ苦しい思いをしますが、途中では日本有数のブナ林や大規模な石転び雪渓があったり、氷期の氷河の堆積物や迷子石が残っていたりと飽きることはありません。最後に出会う北股岳のカールも非常に典型的です。

稜線まで上がってしまえば後はまさに天上のプロムナードです。起伏の少ない登山道を悠々と歩けばいいのです。大景観とたくさんの美しい高山植物、湿原、池塘、残雪があなたを迎えてくれるでしょう。

文献

米地文夫・木村喜代志・菊池寛治（1970）飯豊連峰の地形、山形県総合学術調査会編『飯豊連峰』、34-48

五百沢智也（1974）空からの氷河地形調査、地理、19(2)、38-50

小泉武栄（2002）飯豊山　多雪・強風と広大なお花畑、清水長正編『百名山の自然学』、76-77

第7章

飯豊山2　風食がもたらす豊かな植物相

日本の山は世界一の強風地域

日本列島の山々は冬場、世界有数の多雪に加えて、２０００〜３０００メートルの山地としては世界一の強風にさらされます（図７−１）。このことが、世界的に見ればけっして高くはない山地にアルプス的な美しい景観をつくり出す要因になっているのですが、私は強風が原因となって生じる風食という現象が、結果的にその場所の植物相をきわめて豊かにしているということに気がつきました。

風食というのは稜線を吹き抜ける猛烈な風によって植被《しょくひ》が削り取られる現象です（図７−２）。このため現場では新しい裸地が出来たり風衝《ふうしょう》草原の中に溝状の砂礫《されき》地が出来たりして、一見荒廃した感じを与えます。しかしその荒れた場所には、本来ならもっと標高の高い場所に生育する植物が高所から飛び降りてきて生育し、その結果、そこの植物相が豊かになるということが起こります。これは世界的に見てもきわめて珍しい日本の山ならではの現象だと思いますので、次に紹介することにしましょう。

舞台は前の章に続いて飯豊山《いいでさん》です。

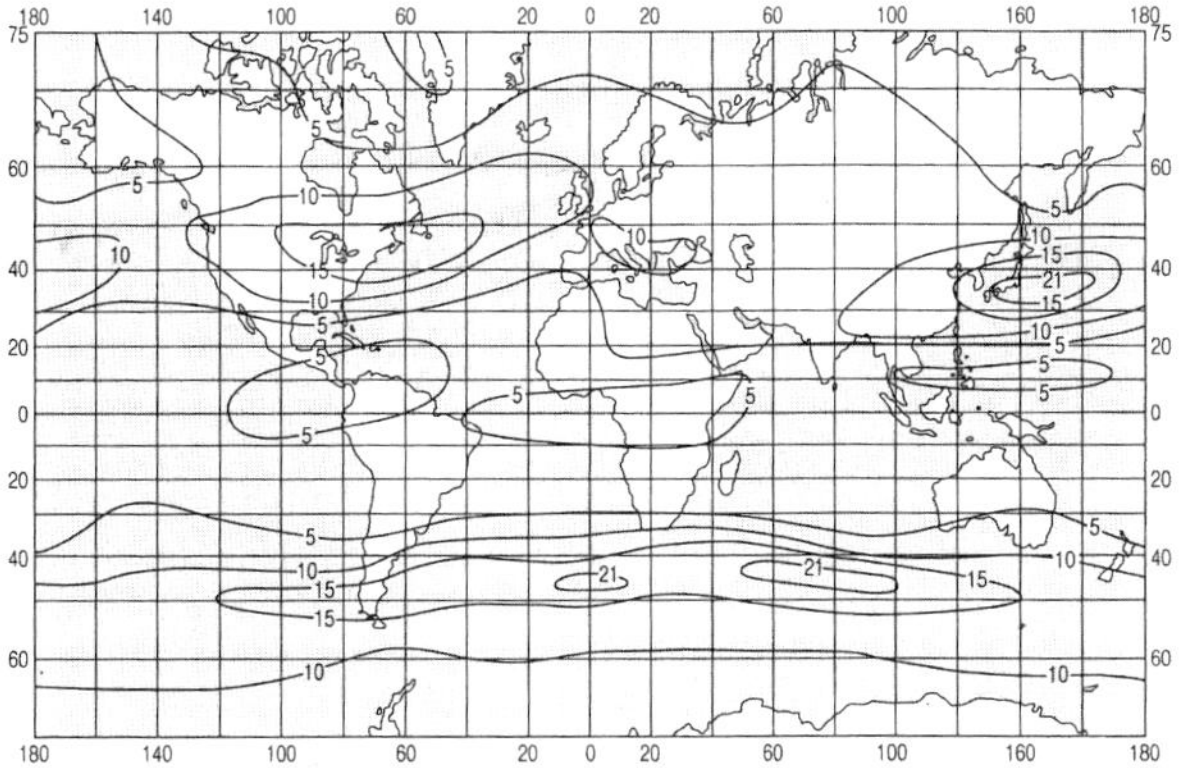

図7-1　700hPaにおける世界の風速分布

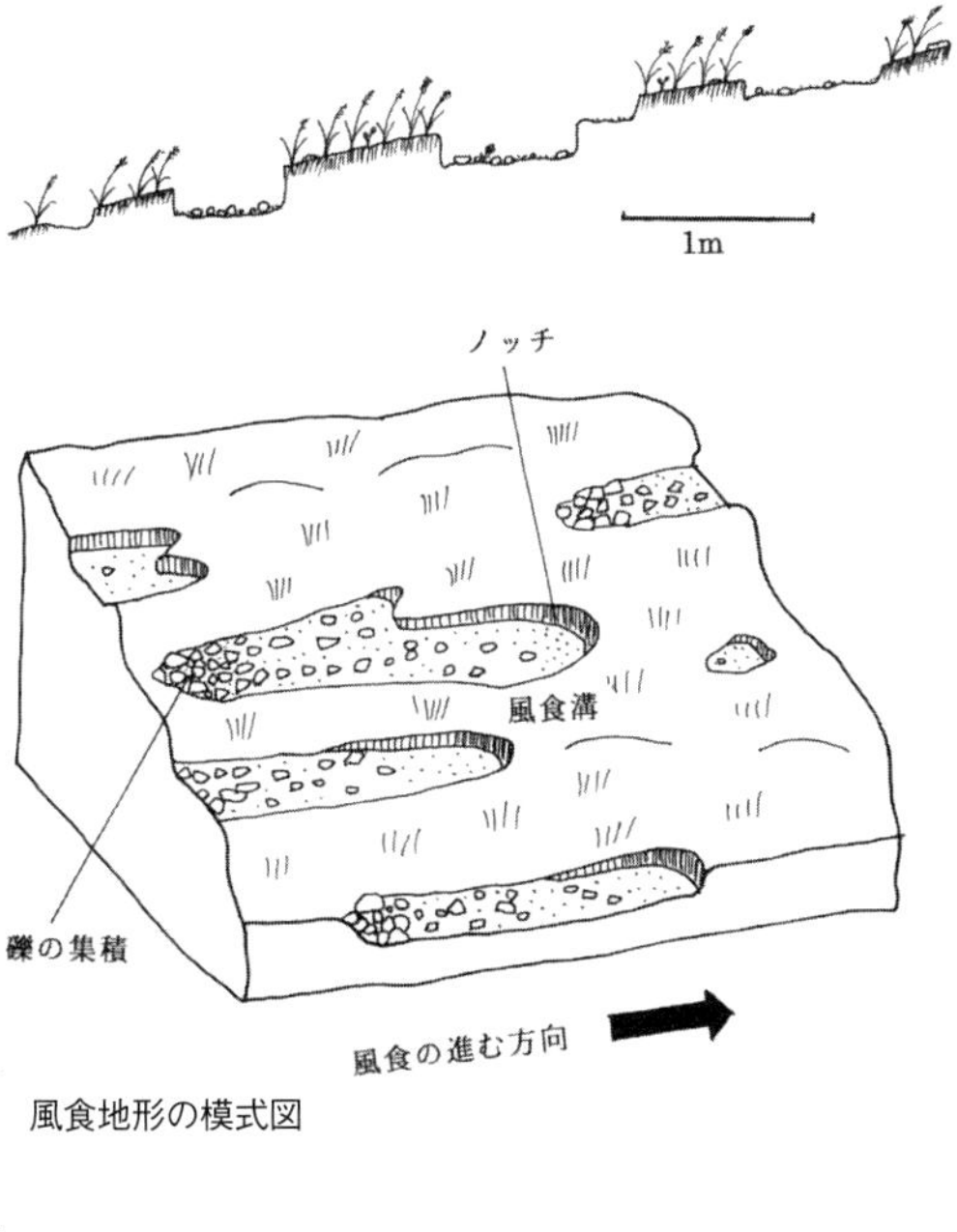

図7-2　風食地形の模式図

飯豊山地、北股岳での発見

この現象に気がついたのは初めて飯豊山に登ったときのことです。北側の山形県小国町《おぐにまち》から入り、梅花皮《かいらぎ》沢から石転《いしころ》び雪渓を経由して稜線に出て梅花皮小屋に泊まりました。この鞍部は登山道が交差することから十文字鞍部と呼ばれています。翌日は御西岳《おにしだけ》から本山方面に回り、同じコースを戻って再び梅花皮小屋で泊まったのですが、翌朝、周囲を眺めていたとき、すぐ北西側の北股岳の緩やかな稜線に不思議な縞々模様があるのに気がつきました。鞍部から斜面長にして50～100メートルほど北股岳に向かって登ったなだらかな斜面上です。そばに寄ってみると稜線沿いはイネ科やカヤツリグサ科の草本から成る草原なのですが、ところどころに細長い裸地や溝、穴が出来、それが植被の縞模様をつくっていたのです。縞はいずれも並行して走っています（写真7-1、2）。これまでの各地での調査体験から、この溝や裸地は風食によるものだとすぐに分かりました。

ところがよく観察すると、裸地や溝の中にはまだ生々しい風食の跡を留めるものもあれば、広く礫に覆われた上に何種類もの植物が生えているものもあるといった具合でさまざまです。私は「ああ、これは風食を受けた後に植被が順次回復しつつある段階を示しているのだな」と考え、同行していた学生諸君に手伝ってもらって急遽、植生調査をすることにしました。

7-1　風食によって生じた溝（十文字鞍部）

7-2　風食地形（十文字鞍部）

私が考えた仮説は次のようなものです。風食によって生じた裸地は最初無植生ですが、表土が凍結と融解を繰り返すうちに礫が放り出され、それが集まって表面に堆積します。こうして表土が安定化するとそこにはまず先駆植物が侵入します。それに続いてさまざまな植物が順次入り込んで植物の種類は急速に増加し、植被率も高まります。つまり風食による植被の破壊が、結果的に強風地の植物相を豊かにしているというものです。

調査地域について

十文字鞍部の調査地域の標高はおよそ1870〜1890メートルです。ここは非対称山稜のなだらかな側にあたり、反対側には梅花皮沢源頭のカール地形があり急な崖になっています。調査地は主稜線西側の強風地にあり、タカネノガリヤスやムツノガリヤス、コタヌキランなどのイネ科草本が高さ40センチぐらいの草原をつくります。さらにミネズオウやミヤマウスユキソウなども分布します。ただし斜面を20メートルほど下がると、ニッコウキスゲやコバイケイソウから成る別の群落に移行していきます。

帰ってから分かったのですが、ここの植生については山形県在住の植物学者による記載がありま す（結城、１９７０）。わずか数メートル四方の範囲内に40種ほどの植物が数えられることから、ここの群落は山形県随一の多種多様なお花畑であると絶賛されています。まったくの偶然ですが、私も同じ場所で調査したということです。

風食溝と植物群落の分布

十文字鞍部から北股岳への登山道は南東から北西方向に延びる主稜線沿いに続いていますが、風食で出来た溝（以下、風食溝と仮称）や裸地はそれにほぼ直交か、わずかに斜行するような形に何列も発達し、離れたところからは縞状または階段状に見えます。風食溝が典型的に見られるところを選び、３×３メートルの範囲について植被と風食溝の配置を図に示しました（図7-3）。

ここは傾斜14度の南南東向きの斜面です。そこに幅40〜60センチ、長さ1〜2メートル、深さ20〜30センチほどの風食溝が数十センチから1、2メートル間隔で平行に並び、強力な風食作用の存在を裏づけています。隣接する地域の風食溝には長さ7〜8メートル、深さ40〜50センチに達する

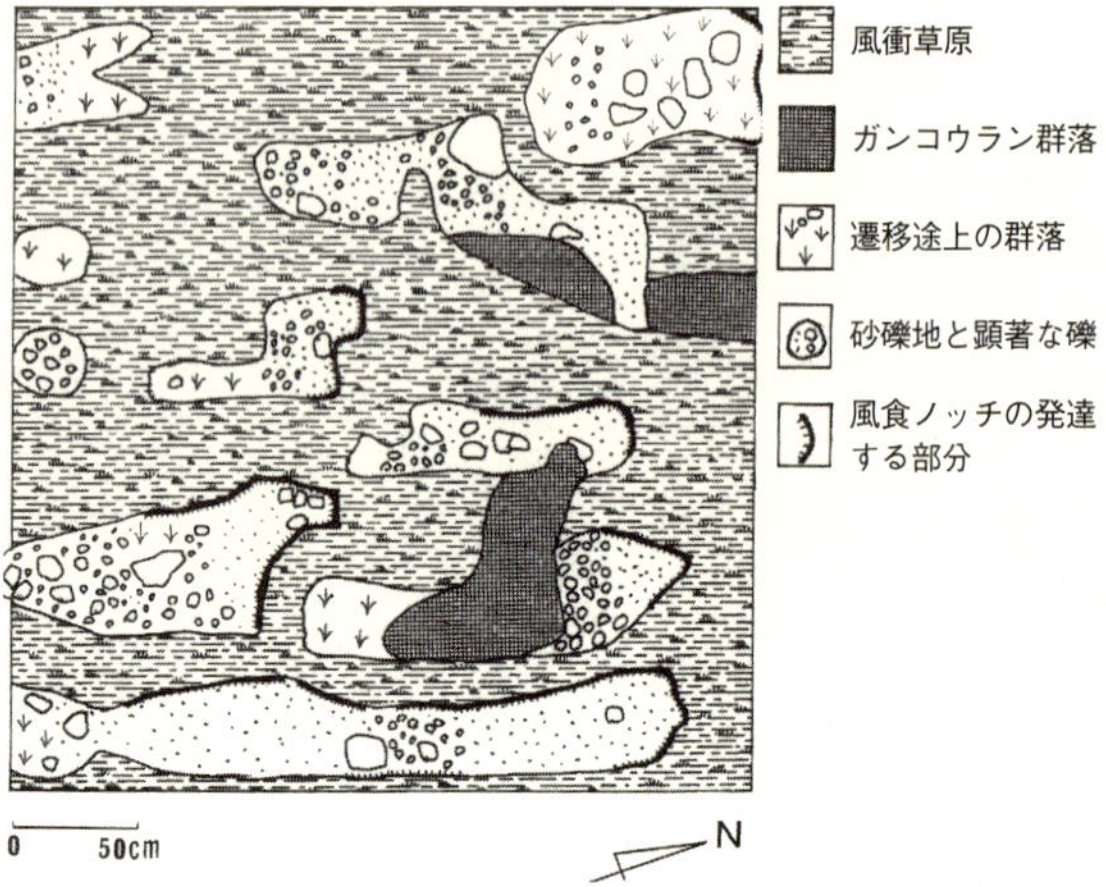

図7-3　風食溝の分布と植生分布1（十文字鞍部）

ような規模の大きいものもあります。溝は南西から北東に向かってほぼ直線状に延びていて、溝の底の部分は砂礫地か礫地になっています。また溝のいちばん奥と側面には風食によって出来た高さ20センチほどのノッチ（植被がえぐられて出来た低い崖）があって、そこでは植物の根系と土壌が露出していました。

植生調査を行ったのは図7-3の調査地よりさらに20メートルほど上がった地点です。ここでは風食溝は小規模になり浅く短いものが多くなっています。溝は長いものでも2メートル程度にすぎず、直径数十センチほどの皿状に浅く窪んだ裸地や楕円形または紡錘形をした裸地が草地の中に点在しています。これは図7-3に示した場所と比べて風食作用が弱いためと考えられます。

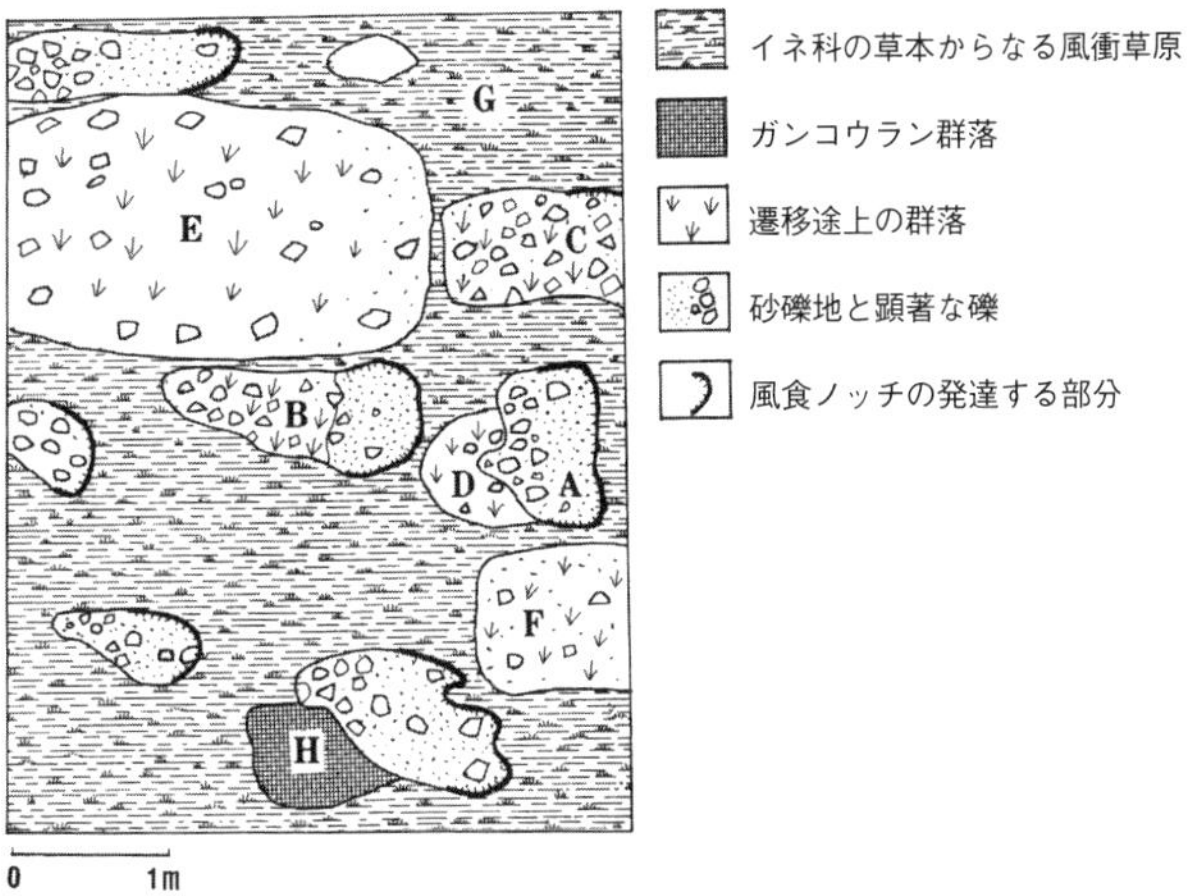

図7-4　風食溝の分布と植生分布２（A～H：調査地点）

ところでこの辺りでは裸地の後ろや横に植物がまばらに生えた礫地や、なかば植被に覆われたような礫地が観察できます。これは風食で出来た裸地に植物が回復しつつあるものだと考えられ、回復の程度に応じてそれぞれ生育する植物が異なるために、全体としてモザイク状の植物群落の分布が生じています。縦５メートル、横４メートルの範囲について裸地と識別された植物群落の配置を調べ図に示しました（図７-４）。

図７-３に示した場所では風食の作用が強いために、風食溝は長期にわたって維持されています。しかしここでは風食の力が弱いために、風食で出来た裸地には再び植物が侵入して植被が回復しています。つまり裸地は風食によって植被が削り取られて次第に拡大し前進しますが、古くなった裸地には再び植

物が生え始め、最後はまた草原に戻っていくと見られるのです。このような裸地の前進と植被の回復は、筆者ら（原田・小泉、1997）が三国山脈の平標山《たいらっぴょうさん》から報告したものにきわめてよく似ています。

裸地をよく観察すると風食を受けた直後は高山草原土壌の断面が露出し、明褐色をした細かい砂や土に植物の根系が密生しているのが見えます。しかし頭部のノッチから離れるにつれて根系は見られなくなり、代わりに礫が表面に出てきて、尾の部分では礫が全面を覆うようになります。

植物群落とその成立環境

以下、パッチ状に分布している植物群落とその成立環境について、植被率が低く遷移の初期段階にあると見られるものから記載します。群落の名称は最も優占する植物の名前で呼ぶことにし、群落を構成する種ごとの被度をパーセント（％）で示しました。調査枠の大きさはすべて50×50センチです。群落の調査には狭すぎるのですが、分布域の小さい群落があるためにこの大きさに統一せざるを得ませんでした。

Ａ　ミヤマウシノケグサ群落

これは稜線近くの裸地（図7-4のＡ）の縁に近い部分に生じた群落で、植被率は６％と低くなっています。群落の高さは７センチ。ミヤマウシノケグサのほかにホソバコゴメグサとガンコウラン、ミヤマヌカボの３種が現れますが、植被率が低いために裸地にしか見えません。礫が集まって表土が安定し始めた部分にようやく植物が入りつつある段階だと見られます。

Ｂ　ホソバコゴメグサ群落

ホソバコゴメグサが優占する群落で図7-4のＢの部分に分布します。植被率は25％、出現種数は６種、群落の高さは６センチです。ホソバコゴメグサ以外ではミヤマウシノケグサとイタドリ、タカネマツムシソウが目立ちます。群落の立地は拳《こぶし》大程度の礫が地表をびっしり覆った裸地で、ホソバコゴメグサが礫の隙間に散在しています。

この群落は飯豊山地では十文字鞍部から梅花皮岳への登り口、梅花皮岳の山頂付近、烏帽子岳の山頂付近、飯豊本山の北側など各地に見られ、植被率も数％程度から60％を超えるようなものまでさまざまです。いずれも風食で植被がはがされた後に礫が移動して集積し、安定したところに出現しています。

C　チシマギキョウ群落

稜線近くの風食溝の内部（図7-4のC）で観察された群落です。優占種はチシマギキョウですが、ほかにホソバコゴメグサやミヤマウシノケグサ、ミヤマウスユキソウ、コタヌキランなどが見られ、Bのホソバコゴメグサ群落にほかの植物が何種類かつけ加わったような組成を示します。植被率は70％、種数は10、群落の高さは8センチです。分布地は礫地で長径10〜20センチの角礫が地表をほぼ覆っています。

組成から判断するとこの群落は、ミヤマウシノケグサやホソバコゴメグサを主とする遷移の初期段階から、強風地の極相である風衝草原に回復しつつある途中の群落だと考えられます。

D　コタヌキラン——ガンコウラン群落

Aの裸地に接する部分（図7-4のD）に成立した草原で、コタヌキランとガンコウランを優占種としています。植被率は80％、種数は10、群落の高さは15センチです。コタヌキランなどのほかにタカネマツムシソウやイイデリンドウ、ミヤマウスユキソウなども見られますので、組成からはほとんど風衝草原（コメバツガザクラ——ミヤマウスユキソウ群集）とも言えるような群落です。しかし先駆植物のホソバコゴメグサやミヤマウシノケグサが残存していることから、極相への遷移途上の群落だろうと推定できます。立地はCとほぼ同じで長径10～20センチの角礫が地表を覆っています。

E　チシマギキョウ——ミヤマウスユキソウ群落

チシマギキョウとミヤマウスユキソウを優占種とする群落で、ほかにタカネマツムシソウやシラネニンジン、ネバリノギランなどが現れます。図7-4のE付近を広く覆います。植被率は90％、種数は12、群落の高さは25センチです。立地はよく締まった礫地で、礫を覆って厚さ6センチ程度の褐色のシルトから成る高山草原土壌が出来始めています。しかし一部はすでに再び風食を受け始めています。

種数の多いことや草原土壌が発達していることから考えると、この群落はDの群落よりもさらに遷移が進んだ段階にあり、風衝草原の極相により近いと見られます。しかしホソバコゴメグサやミヤマウシノケグサが残存していることから考えるとまだ極相には達しておらず、その手前の段階だと言えそうです。

F　ハクサンイチゲ群落

図7-4のF付近に分布する群落です。ハクサンイチゲのほかシラネニンジン、ミヤマキンバイ、タカネマツムシソウなどの草本が優勢で、これにコケモモやコイワカガミが加わります。植被率は80%、種数は13、群落の高さは18センチです。この群落ではハクサンイチゲやミヤマキンバイが上層、コケモモやキバナノコマノツメが下層というように階層構造が出来ています。土壌は礫混じりの高山草原土壌です。ホソバコゴメグサなどの先駆植物はもはや見られないので、風衝草原の極相の一歩手前にあたる群落と見なしてもいいと考えられます。

G　コタヌキラン――タカネノガリヤス群落

コタヌキランやタカネノガリヤスなどのイネ科草本が密生した背の高い群落で、調査した5×4メートルの範囲内のほぼ半分の面積を占めています。このうち登山道に近いG地点（図7-4に記入）での調査によれば植被率は100%で、イネ科草本が上層を構成し、その下にハクサンイチゲ、チシマギキョウ、タカネマツムシソウ、キバナノコマノツメなどが生育しています。ただし出現種数は8種と少なくなっており、群落の高さは45センチと他の群落に比べてかなり高くなっています。なお別の地点ではイネ科草本の下にコケモモ、コイワカガミ、マイヅルソウなどが見られました。

この群落は厚さ20センチほどの高山草原土壌が分布するところに成立しており、風衝草原の極相にあたる最も発達した群落と考えられます。

H　ガンコウラン群落

ガンコウランを主体とする群落で、図７－４のH地点で観察されました。ガンコウランが地表面をびっしり覆い密生した群落をつくっています。ほかにミヤマキンバイとミヤマウシノケグサ、ミヤマヌカボ、クモマシバスゲ、コメススキなどのイネ科の草本が分布します。植被率は85％、種数は７、群落の高さは６センチです。

この群落の立地は直径20センチほどの礫とその間を充塡するよく締まった土壌で、植被が削り取られて裸地が出来た後、高山草原土壌の下部層がまだ残存している時点で隣接する削り残しの植被地からガンコウランが急速に分布を拡大したものと見られます。したがって植被率は高いのですが一種の先駆植生と考えられます。

ただこの群落は地表を密に覆ってしまうことから今後、イネ科草本を中心とする極相の草原に移行するとは考えられず、風食によって再度植被が削り取られるまではこの状態を保つだろうと予想されます。同じような群落は図７－３に示した場所をはじめ飯豊山地各地の強風地で見られます。

このことからガンコウラン群落は、裸地から始まる遷移系列とは別の系列に属する植物群落だと考えられます。

まとめ

前述の各群落の植被率、出現種数、群落の高さをまとめて図化し（図7-5）、種数と植被率の関係を図7-6に示しました。

各図から8つの群落は大きく3つに分けることができます。A、B、Hの先駆的な群落、C、D、E、Fの遷移途上ないし極相の一歩手前の群落、それに極相と見なすことができるGの群落です。

種数は先駆的な群落では4〜6程度と少なく、遷移途上の群落で10〜13に増加し、極相群落では逆に8と減少します。すべての枠を通して出現した種の数は計23種でした。植被率は先駆的な群落では低いのですが、遷移途上の群落では80％前後に高まり、極相群落では100％となります。群落の高さは先駆的な群落では6〜7センチ程度ですが、遷移途上の群落では20センチ前後に達し、極相群落では急激に上昇して45センチに達します。遷移の進行に伴う群落の変化はこのように大変

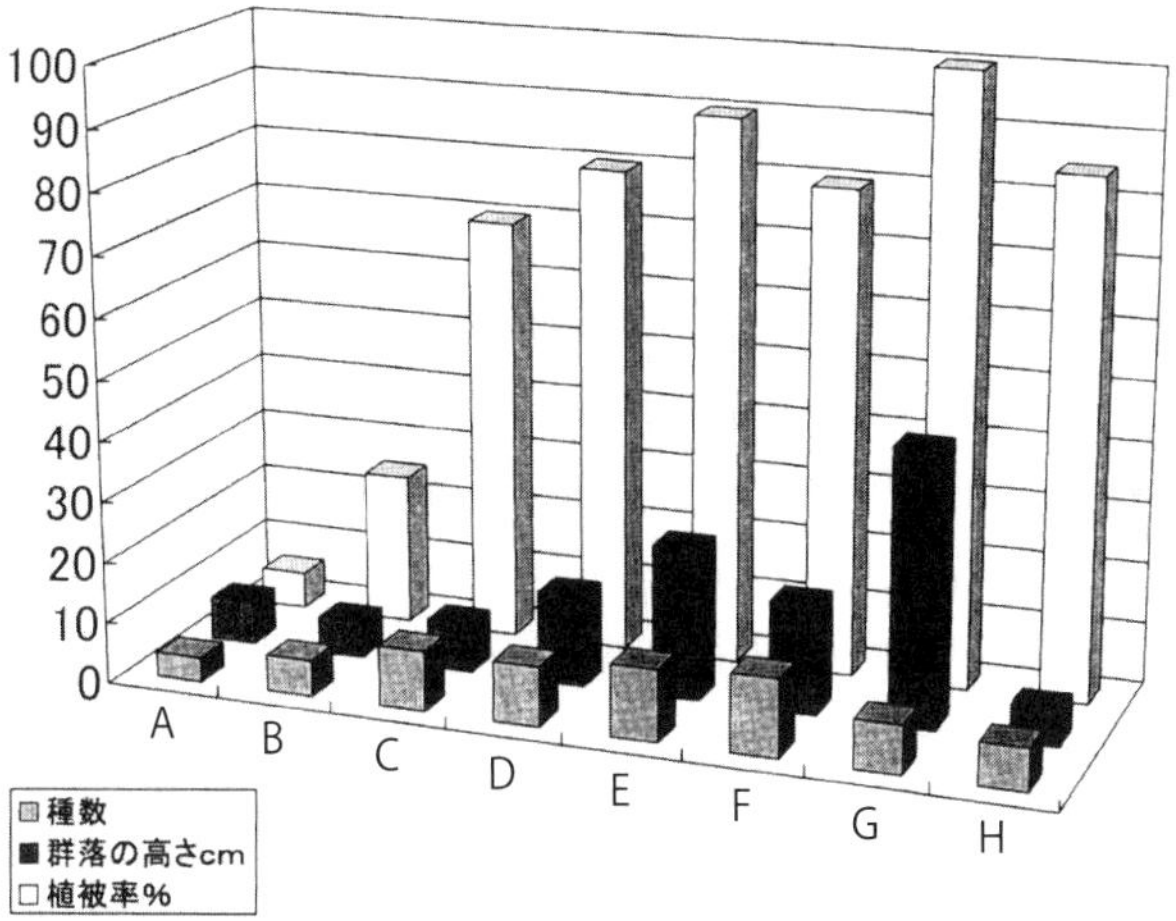

図7-5　調査地点ごとの出現種数、群落の高さ、植被率の変化

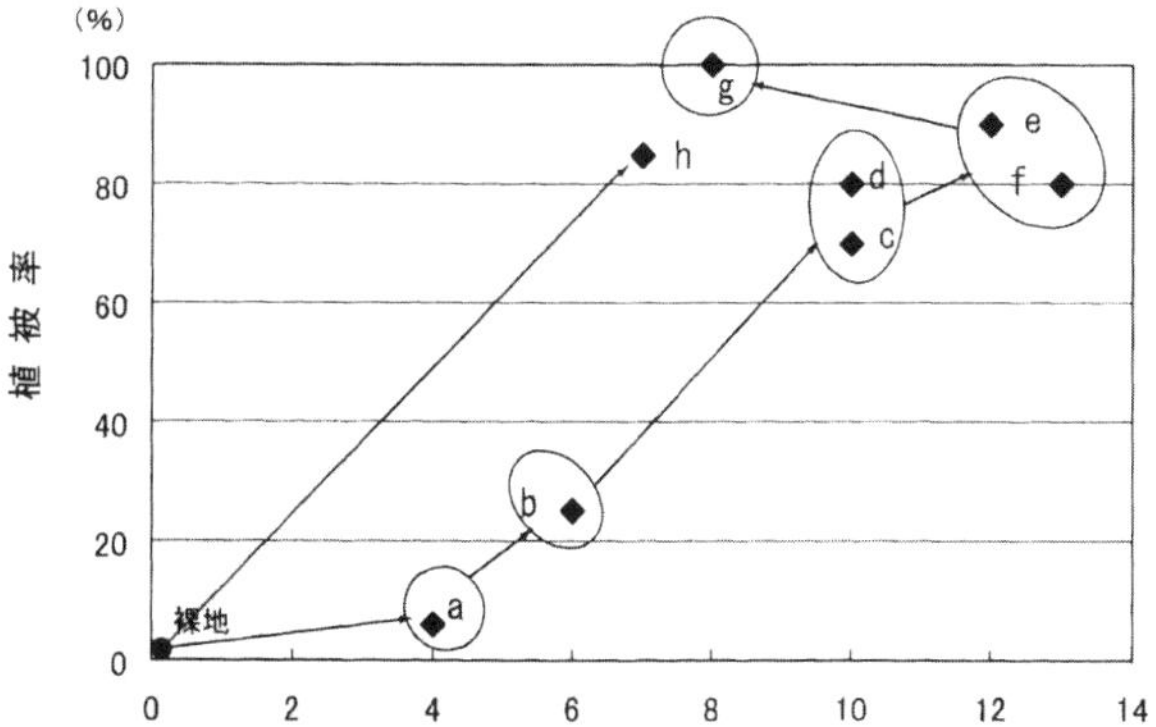

図7-6　種数ー植被率の関係と群落の遷移（a~hは群落を示す）

大きいものですが、その基礎には土地条件の変化があります。

まず風食によって風衝草原の一部が削り取られ、風食溝や窪みが出来るのが始まりです。最初は無植生の裸地で高山草原土壌の下部層や土層が露出したりしていますが、表層での凍結融解の繰り返しなどによって地表に礫が放出されるために、裸地の表面は次第に礫に覆われ始めます。そしてさらにソリフラクション（凍結融解による土壌の移動）の作用が働くために、礫は次第に移動して裸地の末端付近に集積してそこで安定化します。

植物の侵入はこの時点でようやく可能になり、ミヤマウシノケグサやコバノコゴメグサなどの先駆植物が生育するようになります。A、B両地区の群落はこの段階にあると言えましょう。またところによってはH地区のように、隣接する植被地からガンコウランが直接裸地に侵入して拡大することもあります。

これに続く段階ではチシマギキョウやミヤマウスユキソウ、タカネマツムシソウなどが先駆的な植物群落に侵入して混生し、さらにハクサンイチゲやコタヌキランなどが加わって遷移途上または極相の一歩手前の群落が出来ます。C、D、E、Fの群落がこれにあたります。この段階ではイネ科以外の草本植物が多数生育し、植物相を著しく豊かにしているのが特徴的です。

次の極相段階では背の高いイネ科草本（特にノガリヤス類）が優勢になり、ほかの植物はその陰になることによって植物相はむしろ貧弱化してしまいます。そのため、遷移途中の段階でイネ科以外の草本が多数現れるということは、風食に始まる植生遷移がこの地域の強風地での植物相を豊かにする上で大きな役割を果たしていることを示しています。植被の破壊という植物にとってはマイナスの要因が、逆にさまざまな植物の分布をもたらしているのです。

したがってもしも風食の働きがなかったとしたら、先駆植物や遷移の途中で出現する植物群の大半は姿を消してしまい、強風地の植物相は現在よりはるかに単純化していたに違いありません。このことは飯豊山地全体の植物相の劣化をもたらしたはずです。

近年、植物生態学の分野でも洪水や土石流、地すべりなどといった地表攪乱が植物の分布に与える効果が正当に評価され、そのような視点から植物群落の立地を検討した報告や総説が見られるようになってきました。いずれの場合も攪乱はそれに適応した植物や群落の出現をもたらし、そのことが豊かな植物相の維持に役立っているという結論を導いています。

私は風食の効果も同じような地表攪乱のひとつと見ることができると考えています。ただこれまではそのような発想がなかったために、風食の役割は完全に見落とされてきました。しかし風食の効果は、風の強い日本の高山ではかなり普遍的に見られるものではないかと考えています。なおここで紹介した現象について詳しく知りたい方は小泉（２００５）をご覧ください。

文献

小泉武栄（２００５）風食による植被の破壊がもたらした強風地植物群落の種の多様性―飯豊山の偽高山帯における事例―　長野県植物研究会誌、38、1-9
原田経子・小泉武栄（１９９７）三国山脈・平標山におけるパッチ状裸地の形成プロセスと侵食速度、季刊地理学、49、1-14
結城嘉美（１９７０）飯豊連峰の植物、山形県総合調査『飯豊連峰』、２２３-２２８

第8章

朝日連峰　豊かな植生の創造主は強風だった?

この章では東北の山塊で飯豊山と並び称される朝日連峰のうち、中ほどにある寒江山《かんこうざん》（1695メートル）付近の風食に起因する植物群落について取り上げます。ただその前に、これも朝日連峰の宝物とも言える竜門山《りゅうもんざん》（1688メートル）への支稜に沿うブナ林とゴヨウマツ林について紹介します。

竜門山へ至る支稜線沿いのブナ林とゴヨウマツ林

寒江山には山形県の左沢《あてらざわ》から入りました。根子川《ねこがわ》をどんどん遡り、標高620メートルにある日暮沢《ひぐれさわ》小屋で1泊。翌日、竜門山から延びる支尾根に取りつきました。長い登りの始まりですが、すぐにみごとなブナ林に出会います（写真8-1）。雪国のブナ林らしくさまざまな樹齢のブナが混生しています。いずれもまっすぐに伸び、すっきりした白い樹皮が美しく見えます。中には直径1メートル以上の大木もあり樹高は30メートルを超えそうです。

少し上がるとゴヨウマツが混じるようになりました。これもほとんどが真っすぐに伸び、場所によってはゴヨウマツ林と言ってもいいほど密に生えています（写真8-2）。直径40～80センチほど

8-1　ブナ林（日暮沢小屋からの登り）

8-2　ゴヨウマツ林（日暮沢小屋からの登り）

もある堂々たる大木が多くみごとな林をつくっています。朝日鉱泉から大朝日岳《おおあさひだけ》への登りには遺伝子資源保存林に指定されているゴヨウマツ林がありますが、それに勝るとも劣らない立派な林です。ブナ林とともに朝日連峰の宝と言っていいでしょう。

地形との関連を見ると、ゴヨウマツの生育している場所は例外なく基盤の花崗岩が出ているような岩場です。標高1100メートルを過ぎるとゴヨウマツは急に見られなくなり、再びブナ林が優勢になります。これは標高が上がったために沢からの侵食が稜線部に及ばなくなり、基盤岩の露出がなくなったためだと考えられます。

これより先、1400メートルを超える辺りからは偽高山帯の低木林に入ります。清太岩山《せいたいわやま》（1465メートル）など小さなピークをいくつか越えると竜門山で、ここからは朝日連峰の主稜線に出て北西に向かいます。

竜門山から寒江山付近の風食パッチと強風地植物群落

竜門山から竜門小屋（竜門山避難小屋）にかけてはかなり急な下りになっています。途中から稜

8-3　風食で出来たパッチ状裸地（竜門山〜竜門小屋）

8-4　風食パッチに入り込んだミヤマウスユキソウ（右側の白い植物、竜門山〜竜門小屋）

線に直交するように、風食で生じたパッチ状裸地（風食パッチ）が見られるようになってきました。こうした風食パッチはイネ科やカヤツリグサ科の草本から成る草原が西からの強風によって削り取られて出来たもので、幅は50センチほど、深さは10～15センチ、長さは2、3メートルのものが多くなっています。並行して出来る場合もあり、その場合は階段状になって階段状構造土のように見えることもあります（写真8-3）。面白いことに、パッチにはミヤマウスユキソウが入り込んで群落をつくっています（写真8-4）。

風食パッチは竜門小屋付近では見られなくなりました。その状態はなだらかな地形が続く1588メートル峰やすぐ北西側のピークまで続きましたが、そのピークの反対側に回り込むと登山道には急に強風が当たるようになり、同時に風食パッチが現れるようになりました。ここは北西向きの稜線になります。一帯は西側がなだらかで東側が急という顕著な非対称山稜となっており（写真8-5）、西側斜面の上部に南西や西から吹き上げる強風が植被《しょくひ》を削り取って裸地をつくり出しています（写真8-6）。図8-1に竜門山から北寒江山一帯での風食パッチの分布を示しました。

裸地は風食を受けた直後は赤い表土が露出していることが多いのですが、すぐに地下から礫が出てきて表面は礫で覆われるようになってきます。そしてそれによって表土が安定してくるとすぐに植物が侵入するようです。最初はミヤマウシノケグサやミヤマキンバイ、イワスゲなどが生育を始

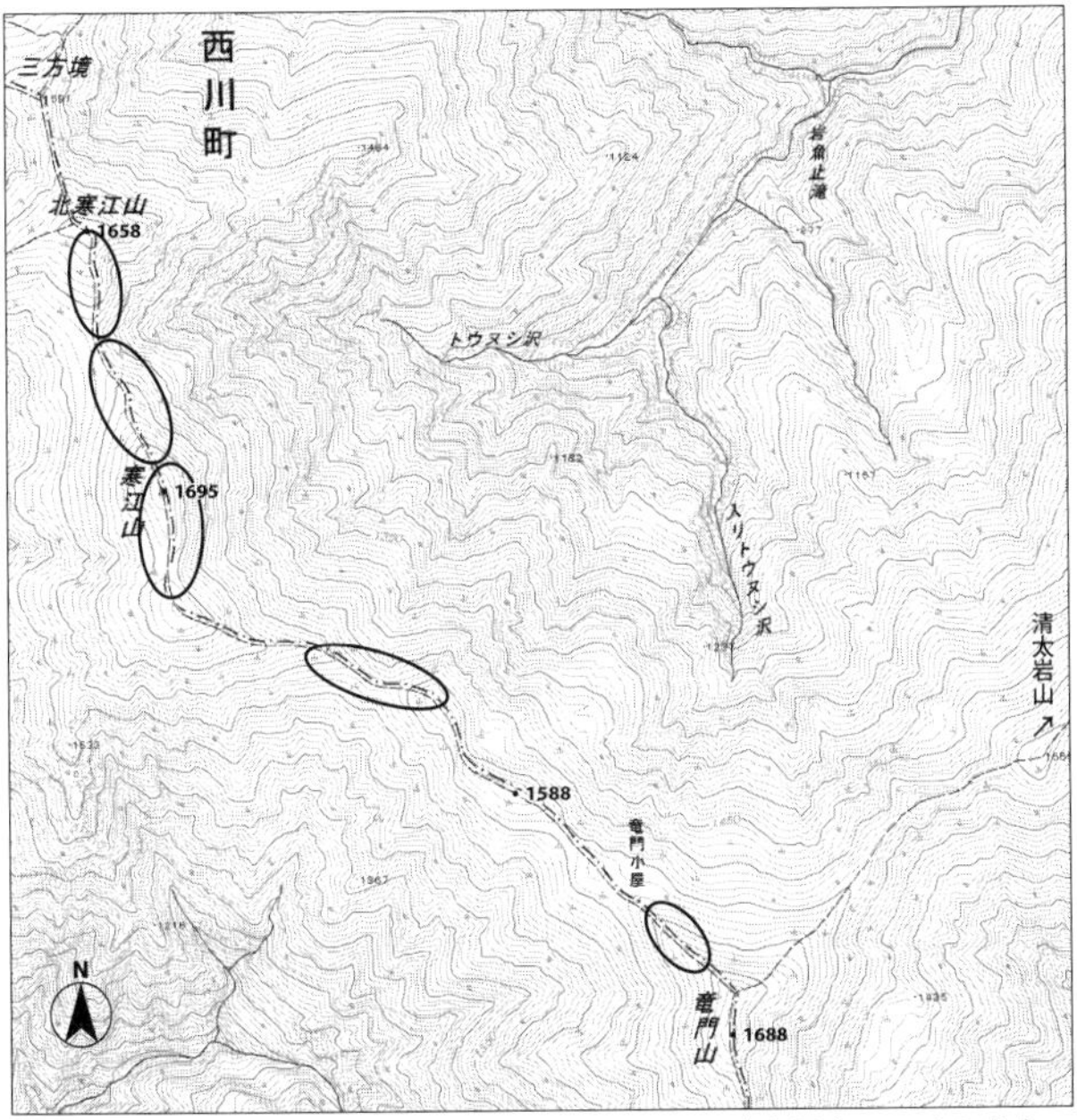

図8-1　調査地域の地形図（国土地理院　GSI Maps）と風食パッチの分布（○で囲んだ部分）

めているように見えます。しかしその後はミヤマウスユキソウやガンコウランが侵入し、一気に分布を拡大していきます。ハクサンイチゲが育つ場所もあります。いずれにしても一帯は風食がなければ単純なイネ科やカヤツリグサ科の草原になるはずですが（写真8-7）、風食によって生じた裸地には、本来ならもっと高い場所で生育する高山植物が飛び降りてきているように見えます。つまりここでも風食による植被の破壊が、結果的に強風地の植物相を豊かにするという珍しい現象が生じている

8-5　竜門小屋北西に延びる非対称山稜（右が西側）

8-6　山稜西側斜面上部の風食パッチ

8-7　極相にあたるイネ科草原

のです。
ところによってはようやく復活したガンコウラン群落が再度風食を受けて裸地化するというような場合もありますので（写真8-8）、この一帯では風食によるパッチの形成と植被の回復が予想以上の速さで起こっている可能性が高いようです。
風食の作用が最も顕著になるのはさらに北の寒江山付近です。ここは稜線の方向がほぼ南北に近くなって西からの風がさらに強く当たるようで、斜面上部には風食で生じた穴や線状になった砂礫地が広く分布しています（写真8-9）。
このように竜門山から寒江山付近の稜線沿いでは、猛烈な西風が鞍部を吹き抜けるために風食が発生し、植被が削り取られています。私は今まで日本列島の高山をかなり広く歩き回ってきましたが、これほど

8-8　再度侵食を受けたガンコウラン群落

8-9　寒江山山頂付近の風食パッチ

極端な風食が起こっているのを見るのは初めてです。じつは風食という現象は日本の高山ではけっして珍しいものではありません。しかし日本列島を除けばそう簡単に見られるものではなく、世界を見渡してもスコットランドやチベット高原、パタゴニア、南極半島辺りで観察できるに過ぎません。日本列島の山岳は冬季、３０００メートル級では世界一風の強い地域ですが、朝日連峰はそれらを含めて最も風の強い地域の可能性が高いように見えます。したがってこの高さでは世界で最も風の強い場所である可能性さえ出てきます。

私たちは今回の山行の３日目、強い風雨のために停滞を強いられました。翌日も同じような天気なので風雨を冒して出発してみたのですが、身体が吹き飛ばされそうな強い風と雨に生命の危険を感じ、狐穴《きつねあな》小屋に戻らざるを得ませんでした。なるほどこれならば植被も削り取られるだろうと身をもって体験した次第です。

文献

小泉武栄（２００５）風食による植被の破壊がもたらした強風地植物群落の種の多様性―飯豊山の偽高山帯における事例―、長野県植物研究会誌、38、１-９

第9章 縞枯れはなぜ起こる

縞枯れという不思議な現象

北八ヶ岳の縞枯山《しまがれやま》や北横岳、蓼科山《たてしなやま》辺りではシラビソやオオシラビソから成る亜高山帯の針葉樹林の一部が帯状に枯れ、斜面上にほぼ水平に何列もの白い縞が出来る「縞枯れ現象」があり（図9-1）、古くから登山者や植物学者の興味を引いてきました（写真9-1）。縞枯山の名は文字通り縞枯れ現象に因むものです。

縞枯れとは一口に言えば、針葉樹の枯れた帯が山頂部に向かってゆっくりと上昇する現象です。斜面下方の針葉樹が枯れるとその上部の森林には日光が入るようになり、風も吹き込みます。このため土壌が乾燥し、ついに樹木は枯れ始めます。するとその影響はさらに上の森林に波及します。こうして樹木の枯れる部分はしだいに上に昇っていくことになります。

白く見える部分は近くに寄ってみると立ったまま枯れたものあり、すでに倒れたものありと、それこそ白骨累々といった感じです（写真9-2）。枯れた樹木は意外に細く直径が10〜20センチ程度しかありません。まだ若い育ち盛りなのに有無を言わさず枯れさせられてしまうわけで、樹木に意思があればさぞ不本意に感じるだろうと思います。

しかし枯れた樹木の下には高さ数十センチ〜1メートルぐらいの幼木がたくさんあります。幼木

9-1　縞枯れ現象（北八ヶ岳）

9-2　縞枯れの内部の白骨林（北八ヶ岳）

9-3　四国山地、白髪山の白骨林

は何十年も我慢しながら自分たちが生育できる順番を待っているので、上を覆っていた高い木が枯れてしまうとこれ幸いと競争しながら育ち始めます。そして年月が経つとまた緑の林に戻っていきます（図9－2）。ただその後しばらくすると再び縞枯れの帯がやってくるので、今度は自分たちが枯れてしまいます。このように育っては枯れを繰り返すために、植物生態学者の中には縞枯れは森林更新の一つのタイプに過ぎないと言う人もいるくらいです。

縞枯れ現象は北八ヶ岳のほかにも八甲田山、奥日光の山地、志賀高原、関東山地、南アルプス、紀伊半島の大峰山《おおみねさん》などから報告されていて、必ずしも稀な現象というわけではありません。私は今年、これまで報告のなかった四国山地の中央部にある白髪山《しらがやま》（１４６９メートル）の山頂近くで縞枯れ現象を見

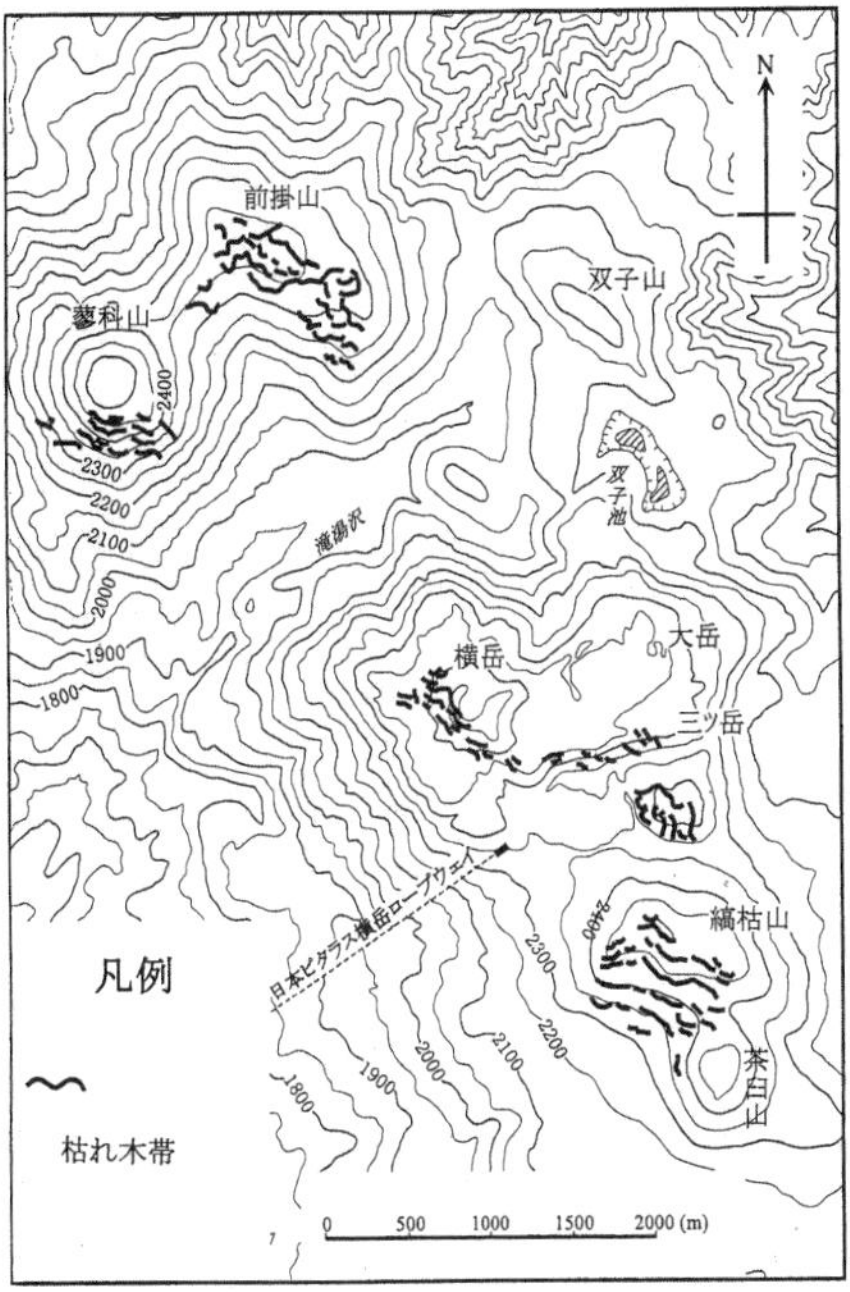

図9-1　北八ヶ岳における枯れ木帯（縞枯れ）の分布（枯れ木帯の配列は必ずしも等高線に沿っていない）－出典　岡（2000）－

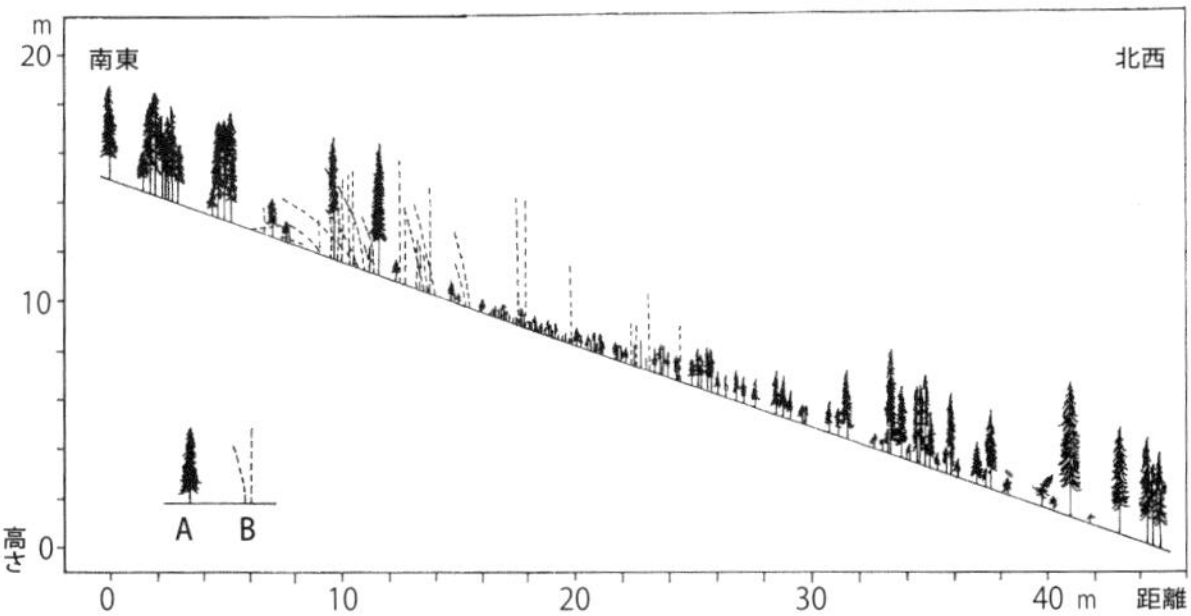

図9-2　八甲田山大岳の縞枯れ（Aはオオシラビソの成木、Bは枯損木を示す）－出典　岡（1983）－

9-4　剣山の縞枯れ現象

ることができました（写真9-3）。じつは白髪山という山名自体、縞枯れによって生じた白骨林に因むのではないかと考えたほどですが、それは間違いで、どうやら中腹にある石灰岩らしい白い岩体が山名のもとになっているようです。また同様に、四国山地東部の主峰・剣山《つるぎさん》（1955メートル）でも山頂付近で縞枯れ現象を観察しました（写真9-4）。この山の山頂部は石灰岩で出来ています。

数年前、浅間山の外輪山である黒斑山《くろふやま》（2404メートル）でもきれいな縞枯れを見ました。ここは火山ですが、やはりシラビソ林の一部に白い帯がはっきり見え、黒斑山という山名は黒い森の中に白い斑《まだら》が入っていることに因んだものではないかと思われます。

縞枯れになる原因は？

縞枯れ現象の原因について、これまでは主に植物生態学者や気候学者が研究を進めてきましたが、縞枯れが主に南斜面や南西向き斜面に出現することから、もっぱら南からの強風に原因を求めてきました。しかし南に向いた斜面にある針葉樹林でつねに縞枯れが起こるかといえば、そんなことはなく、これがこの説の大きな弱点になっています。以前ある学会で縞枯れ現象がシンポジウムのテーマになり、期待して参加したことがあります。2時間もの間いろいろな図やデータが示されたのですが、成因に関しては結局、南からの強風以上の話は出ませんでした。私は質問しようと待ち構えていたのですが、4人の発表者の時間オーバーのために質問時間がなくなってしまいがっかりしたことがあります。

私のやっている地生態学の視点から縞枯れの生じている場所を見ると、いずれも針葉樹林の林床が岩のごろごろした岩塊斜面（写真9－5）になっているという共通性があります。岩と岩の間には隙間がたくさんあって、林内を歩くと足を取られたり陥没したりしてかなり危険です。岩塊斜面の成因には火山の溶岩が冷えるときに割れて出来たものと、氷期の寒冷気候の下で岩石が凍結によって破砕されて出来たものの両方があります（2つとも関わっている可能性もあります）。ただ

9-5　材床が岩だらけの岩塊斜面

大きく分けると縞枯山や蓼科山、志賀高原、奥日光の山地などでは火山の溶岩が冷えて割れて出来た岩塊から成り、関東山地や南アルプス、大峰山などの場合は四万十帯《しまんとたい》の砂岩などの堆積岩が割れて出来た岩塊から成っています。岩の直径は数十センチ〜1メートル程度の場合がほとんどですが、大峰山の場合は人頭大程度で例外的に小ぶりでした。先ほど触れた白髪山の場合はやや特殊なケースで、直径1、2メートルもある橄欖岩《かんらんがん》の岩塊が堆積して岩塊斜面をつくっています。

岩塊斜面では樹木は岩塊を包むような形で根を張りめぐらせています（写真9-6）。ところがそこに伊勢湾台風クラスの数十年に1回というような猛烈な台風が襲うと、高く生長した木は風によって幹まで大きく揺さぶられ、ついには根が切れてしまいま

9-6　岩塊を包む根

す。その結果、樹木は数年以内に立ち枯れしてしまい白骨林の状態になります。そしてさらに時間が経つと倒れてしまいます。私は縞枯れが始まるきっかけはこのようなものだと考えています。縞枯れの帯の上昇のスピードは年に1・7メートル程度だと推定されていますが、数十メートルから100メートルほど離れている縞枯れの帯の間隔は、猛烈な台風の襲来した時間差を示しているのでしょう。

なお強い台風に襲われた木は揺さぶられるだけでなく、場合によっては根こそぎになることもあります。この場合は土壌も一緒に崩れて後継の幼樹までだめになり、表土の下の風化土層もむき出しになってしまうため針葉樹林はすぐには回復できず、まずはダケカンバの林になります。山に登るとところどころまとまったダケカンバの林がありますが、私はこんなプロセスで出来たものだろうと推定しています。

ところで私は、縞枯れ現象の調査で何回か縞枯山辺りに通ううちに面白いことに気づきました。縞枯れが始まるシラビソ・オオシラビソ林の最下部にコメツガの大木が混じっているのです。これはどのように考えたらいいのでしょうか。

直径10〜20センチぐらいしかないシラビソやオオシラビソに比べて、コメツガは直径が50〜60センチもあって高さも突出しています。根も太くがっしりと張っているのが分かります。このことから判断するとコメツガは、シラビソやオオシラビソが揺さぶられて根切れを起こすような猛烈な台風にも耐えて生育を続けてきたのだと考えることができます。コメツガが生えているのはもともと岩場のようなところが多く、岩の隙間に根を伸ばし太い根で樹幹を支えています。このために強風に耐えて生育を続けることが可能になったのでしょう。

もうひとつ話題を提供しましょう。縞枯れ現象が起こる山では、シラビソとオオシラビソは太くなる前に枯れてしまうわけですが、私は福島県檜枝岐村《ひのえまた》の帝釈山《たいしゃくざん》（２０６０メートル）の北斜面でこれとは逆に、一抱えもあるシラビソとオオシラビソの大木がそろった針葉樹林を見たことがあります。これはおそらく帝釈山が日光白根山、男体山、女峰山《にょほうさん》といった2300メートルを超える高峰（日光連山）の北側にあることに加えて、主稜線の北斜面に位置しているために南からの風が強く当たらず、結果的に台風による被害から免れていることに原因があると考えています。風倒がないために、おそらく寿命の限度まで生長を続けることができているのでしょう。

前述の四国の白髪山でも八反奈路《はったんなろ》という、山頂から南西に300メートルほど下がったところにある広い緩斜面にヒノキの天然林があります。標高は1050〜1100メートル、面積は200ヘクタールほどの森です。四国山地の南斜面にあるので毎年のように台風の襲来を受けているはずですが、ヒノキの天然林があるのは、やはりヒノキが橄欖岩の岩塊斜面や岩盤にしっかりと根を張り、強風に耐えているためだと考えられます。

白髪山は林学の関係者には知られているものの一般には知名度が低い山ですが、八反奈路の調査報告によれば、ここだけで直径100センチを超える巨木が74本あり、その内訳はヒノキが39本、ウラジロモミを含むモミが10本、ツガが8本、ケヤキが8本、トチノキ5本という調査結果が出ています。ヒノキの最大直径は136センチだそうです。直径80センチ以上となるとさらに200本増え、その半数はヒノキです。一部にケヤキやトチノキ、ハリギリなどの落葉樹を含むものの、高度的にはブナ帯にあたる標高にヒノキやモミ、ツガといった針葉樹を中心とした大木の森が残っているわけですから、まさに他にほとんど例を見ない驚くべき存在だと言えます。

八反奈路のヒノキ林は、豊臣秀吉の時代に城などの建築材としてめぼしいヒノキが伐り出されてしまったのだそうです。残ったのが現在の林なのですから、かつての林がどれほど巨木ぞろいだったか想像もつきません。

白髪山は岩がゴロゴロしたいささか危険な山ですが、橄欖岩の岩塊斜面の地形とヒノキの大木がそろった天然林や、山頂付近の風による樹木の低木化などはいずれも一見の価値があるものです。余裕があったらぜひご覧になっていただきたいと思います。早明浦《さめうら》ダムの北東にある山です。

文献

岡秀一（1983）縞枯れ現象の分布に関する再検討、地学雑誌、92(4)、1-16
岡秀一（2000）北八ヶ岳—縞枯れの謎—、青山高義ほか編『日本の気候景観』、56-60、古今書院

第10章　くじゅう火山群のミヤマキリシマ群落はなぜみごとなのか

九州の山にしかないミヤマキリシマ

くじゅう連山はミヤマキリシマの大群落（国の天然記念物）で知られ、5月下旬から6月中旬にかけては花を見ようとする人たちでかなりの賑わいになります。私たちもこの時期に合わせて西麓の筋湯《すじゆ》温泉に泊まり、翌日は早めに登山口の牧ノ戸峠《まきのととうげ》に向かったのですが、平日にもかかわらず駐車場はすでにほぼ満杯でした。

ミヤマキリシマはピンクのきれいな花をつけるツツジ科の低木（写真10－1）で、高さは数十センチから1メートルほど。わずかですが秋にも開花することがあります。葉は小ぶりで独特の形をしています。名前は霧島山《きりしまやま》に因みますが、阿蘇山《あそさん》、くじゅう連山、雲仙岳《うんぜんだけ》、由布岳《ゆふだけ》などにも生育しています。このように九州の高山には広く分布していますが、不思議なことに九州以外では見ることができません。分布が火山に限られることから、九州の火山で起源した植物だろうと推定されています。火山活動によって攪乱された場所に先駆種として侵入し、優占しますが、遷移が進むと他種に押され生存できなくなるとされています。このことは分布状況からも想定できますが、それにかかる時間などについてはよく分かっていませんし、阿蘇山やくじゅう連山でなぜミヤマキリシマがみごとなのか説明もありません。

10-1　ミヤマキリシマの花

今回はその点についてほかの火山での事例も参考にしながら検討してみます。

くじゅう連山の生い立ち

くじゅう連山は阿蘇山や雲仙岳、由布岳などとともに、九州中部を走る九州山地と九州北部に連なる筑紫《ちくし》山地の間に生じた地溝帯（陥没帯）に出来た火山群です。九州の火山の多くはこの地溝帯にあり、それ以外では霧島山、桜島、開聞岳《かいもんだけ》と大隅《おおすみ》諸島やトカラ列島に数えることができる程度です。地溝帯は幅30～50キロに達し、その中に2000メートルを超える火山性の噴出物が堆積しています。

くじゅう連山付近では数万年前に大規模な飯田《はんだ》火

砕流《さいりゅう》の流下があり、標高1000メートル前後の高原（飯田高原、久住高原など）を形成しました。その後、1万5000年前から溶岩ドームが次々に出来始め、現在の主要なピークが出そろいます（図10－1）。形成年代は平治岳《ひいじだけ》が1万5000年前、久住山《くじゅうさん》、星生山《ほっしょうざん》、三俣山《みまたやま》が1万年前、大船山《たいせんざん》が5000～2000年前、黒岳が1700年前です。いずれもずいぶん新しいのに驚かされます。侵食谷がほとんど発達していないのもこれで理解できます。

以下、登山コースに沿ってミヤマキリシマの分布状況を見ていきましょう。

牧ノ戸峠から沓掛山、扇ヶ鼻を経て西千里ヶ浜まで

牧ノ戸峠からの登りではアセビやノリウツギなど、高さ3メートルほどの低木が優占します。ここではミヤマキリシマは見られず、沓掛山《くつかけやま》を越えて扇ヶ鼻《おうぎがはな》に向かう稜線沿いでようやく現れました。沓掛山と扇ヶ鼻の鞍部付近には丸みを帯びたアセビの群落とカラマツの低木林が隣り合っていて、珍しい植生分布をつくり出しています（写真10－2）。アセビ群落の内部にはミヤマキリシマが点在していることから、この群落はミヤマキリシマ群落の後に出来る遷移の一段階進んだ群落で、ミ

図10-1　くじゅう連山概念図（基図は国土地理院GSI Maps）

10-2　沓掛山のアセビ（手前）とカラマツの林（中央の円形部分）

ヤマキリシマは駆逐されつつあると考えられます。カラマツの低木林は富士山の森林限界のカラマツによく似ていますが、この一帯にわずかな面積で分布するだけで、なぜここにカラマツが生育するようになったのかはよく分かりません。

カラマツ群落のある扇ヶ鼻分岐辺りから登山道は扇ヶ鼻への登りに転じます。周囲にはミヤマキリシマが目立つようになってきました。浅い谷筋は樹種は不明ですが緑の濃い森林になっており、ミヤマキリシマの分布するところは西風を直接受ける場所に限られています。強風のために遷移の進行が抑えられているのでしょう。残念なことにこの一帯のミヤマキリシマは近年、キシタエダシャクというシャクトリムシ（シャクガ科の幼虫）が大発生したために葉は茶色く変色し、枯れかかって花はほとんど咲かず、例年なら一面ピンクに覆われる山肌が褐色になっていました。シャクトリムシは岩の上や地面を這っているのが見えるほどで確かに多いのですが、土壌水分の高そうな場所ではちゃんと開花している個体もあるので、私は虫害だけでなくこの年の長期にわたる乾燥も効いているのではないかと想像しました。

扇ヶ鼻分岐を越えると西千里ヶ浜《にしせんりがはま》の草原です。のどかな道でところどころにコケモモが生えています。くじゅう連山は日本のコケモモ分布の南限にあたり、この山のコケモモは天然記念物に指定されています。

10-3　西千里ヶ浜から望む星生山と火口

星生山から法華院温泉へ

西千里ヶ浜の北にあるのが星生山です（写真10-3）。西千里ヶ浜に面して小さな火口があり、その周囲にも変色したミヤマキリシマが見えます。私は6年前にもここに来ているのですが、そのときはこの山に登り1995年に噴火したという場所を見ました（写真10-4）。ここは現在でも噴煙を上げ周辺の山肌は白くなっています。稜線上には95年に噴出した白い軽石が薄く積もっていましたが、早くもコメススキが生育を始めており、驚きました（写真10-5）。

久住山への道に戻ります。西千里ヶ浜付近や星生山の斜面ではササも広く枯れており、一面薄茶色の平原になっています。星生崎《ほっしょうざき》の岩場を過ぎるとすぐ

10-4　星生山から望む硫黄山の噴火口（1995年に噴火）

10-5　1995年に噴出した軽石上に生育したコメススキ（硫黄山）

に久住分かれの避難小屋で、久住山が間近に見えます。ここからは久住山に登り、中岳を経て法華《ほっけ》院《いん》温泉に下る予定でしたが、中岳から法華院温泉に下る道が荒れていて通れないということなので、急遽予定を変更して久住分かれから北の北千里ヶ浜に下り、そこから法華院温泉に回ることにしました。

北千里ヶ浜に下る道の西側は岩石が温泉風化によって粘土化し、白や褐色の荒々しい景観を示しています。ここは硫黄山《いおうざん》と呼ばれ400年ぐらい前に噴火したところです。植物はほとんど生えていません。一方、正面に見える三俣山では山肌の多くを草地やササが覆っていますが、山頂部に近い風の当たる場所では広範囲にミヤマキリシマが開花しているのが見えます。

法華院温泉に下る道は石がゴロゴロした歩きにくい道でしたが、無事に下ることができました。法華院温泉を見下ろせるところまで下ると下に坊ガツルが見え、その背後の左手に平治岳、右手に大船山がそびえています。坊ガツルは「坊がつる讃歌」で有名な湿原ですが、実際には乾燥化が進んで湿原ではなくなっていました。大船山はミヤマキリシマの名所として知られていますが、この年は開花が遅れていてピンクの花はまだ見えませんでした。一方、平治岳の山頂部は広い範囲がうっすらとピンクに染まり始めているのが見えました。もう少しで満開になるのでしょう。理由はよく分かりませんが、ミヤマキリシマの開花期は山によってかなり異なるようです。

法華院温泉からの下りは三俣山の北を迂回して雨《あま》ヶ《が》池越《いけごえ》を通るコースを取りました。ここでは標高の低いところはアセビやミズナラの林なのに、標高が高くなるとミヤマキリシマが出現し、遷移が下から上に向かって進んでいることがよく分かります。境界付近では両者が競り合いをしていますが、ミヤマキリシマは次第に追われ分布は縮小する運命にあります。

ミヤマキリシマの分布を決めている条件

ミヤマキリシマが生育可能になるまでには噴火後ある程度の年数が必要です。阿蘇の中岳の火口周辺のように有毒ガスがつねに出ているような場合は無理ですし、くじゅう連山の硫黄山のようにごく最近までガスが出ていたような場所もだめです。ただ高千穂峰《たかちほのみね》では６００年ほど前に噴出した溶結スコリアにミヤマキリシマやコイワカンスゲがようやく生育を始めていますので、表層が溶岩や凝灰角礫岩《ぎょうかいかくれきがん》、あるいは溶結したスコリアのような硬い岩の場合、ミヤマキリシマは６００年から１０００年ほどで生育が可能になるようです。その後、大船山や由布岳の山頂部、霧島連山の中岳のように噴火後２０００年から５０００年ぐらいで開花はピークに達し、斜面全体がピンクになるという状況になります。しかしその後はアセビやアカマツなどの樹木に生育地を奪われて分布域は徐々に縮小し、アセビなどが生育しにくい稜線沿いの強風地だけに生育するようになるようです。久住山や三俣山、あるいは霧島連山の韓国岳《からくにだけ》辺りがこれに該当するでしょう。平治岳の場合は形成の時期は早いのですが、おそらくその後、山頂部から溶結スコリアが噴出するという出来事があり、遷移はいったん振り出しに戻ったのだろうと推定できます。

一方、火山灰や細かいスコリアが堆積した場合、遷移の進行ははるかに早いように見えます。早い場所では阿蘇山の中岳からのスコリアが堆積してつくった高さ2、3メートルの砂丘上のように、100年ぐらいでミヤマキリシマが生育する場合もあります。阿蘇山がミヤマキリシマの名所なのはこのことが原因でしょう。また高千穂河原《たかちほがわら》から登る高千穂峰の斜面のように噴火後数十年でミヤマキリシマが生育を始め、その後を追いかけるようにコガクウツギやアカマツが生育しているケースもあります。この場合は遷移の進行が速く、ミヤマキリシマの開花がいい形で見られるのはせいぜい100年程度の間に限られるようです。

なおこの高千穂峰の斜面は、遷移の進行をきわめて明瞭な形で見ることができる観察に適した場所でしたが、2011年の新燃岳《しんもえだけ》の噴火で火山砂が10～20センチも積もり、植物は枯れて遷移は振り出しに戻ってしまいました。なんだかはかなさを感じさせますが、また数十年経つうちにはミヤマキリシマがきれいな花を見せてくれるでしょう。

このことから考えると、くじゅう連山でミヤマキリシマがきれいなのは大船山が５０００年ほど前に噴火した新しい火山であることが最大の原因で、そのほかの山ではミヤマキリシマは強風地に分布が限られていることが分かります。一方、阿蘇山では中岳の火口から火山灰や火山砂が周辺に供給され、それがミヤマキリシマの主な生育地になっています。いずれも国の天然記念物に指定されていますが、成立条件は極端に異なるのです。

第11章 多様性と不思議に満ちた日本の山

日本の山に生じている面白い現象を順番に紹介してきましたが、最後に全体としての日本の山の特色についてざっと見ておきましょう。この章はいわば概論ですので、ご存じの方は読み飛ばしてください。

さて日本の山の特色はたくさんありますが、一言でまとめると次のようになりそうです。多くは日本列島の特色と重なります。

1 国土の7割が山地

日本は中緯度温帯に位置し、山地が約7割を占める山国です。また周囲を海に囲まれ多数の島と複雑な海岸線を持つ島国です。海には南と北から海流が流れてきます。

2 1000〜3000メートル級の山並み

山並みは1000〜3000メートル級で、並走する小規模な山脈や山地を形成します。

3 複雑な地質と細かい谷

山々は複雑な地質から成り、細かい谷地形が発達しています。

4 火山が多い

火山の数は160余りに達し、そのうち110が活火山です。活火山のうち明治時代以降に活動したものだけでも30を超えています。火山はときに大きな災害をもたらしますが、一方で美しい風景や温泉といった恩恵も与えてくれます。

5 四季があり寒暖差が大きい

気候は四季が明瞭な温帯気候ですが、ユーラシア大陸の東縁に位置しているために気温の年較差が大きく、同緯度の大陸西部に比べて夏は高温に、冬は低温になります。

6 豊かな水に恵まれる

年間を通じて降水があります。このため川にはつねに水が流れ、みごとな峡谷や渓流、美しい滝が各地で見られます。しかしその一方で、豪雨に伴う山地崩壊や地すべり、洪水などが起こりやすく災害が多発します。

7 世界有数の多雪地帯

日本海側は冬期に雪が多く、世界有数の多雪山地となっています。

8 豊かな植生と動物相

植生は気候に対応して亜熱帯林から亜寒帯針葉樹林までのさまざまな森林が発達します。山地では垂直分布帯が発達し、それに伴って植物や動物、鳥、昆虫などの種類も多くなっています。四季の変化を反映して森は春には新緑、秋には紅葉となり、美しい風景をつくります。

9 世界一の強風地帯

冬場、日本の高山は世界一の強風にさらされます。これに加えて世界有数の多雪により、高山の稜線沿いには吹きさらしの場所と雪の吹き溜まる場所が生じ、その結果として高山帯には風衝《ふうしょう》草原から雪田植物群落までの多彩な植物群落が展開しています。残雪も豊かです。

10 高山で見られる地質を反映した植物群落

高山帯では地質ごとに異なった植物群落が生じ、同じ気候条件下でも複雑な地質を反映したモザイク状の植生分布が見られます。

11 氷河地形が残る

氷期には日本アルプスや日高《ひだか》山脈、飯豊《いいで》山地などの高山に氷河が懸かりました。このときに出来たカールやモレーンなどの氷河地形や、岩塊斜面などの周氷河地形が高山帯の地形を特徴づけています。

12 人の手が入った里山

山地には古くからいろいろな職業の人が住み、森林のさまざまな資源を長い年月にわたって利用してきました。このために原生的な植生はほとんど姿を消し、里山のように人の利用に依存して成立した生態系が広い面積を占めるようになりました。しかし近年、山の資源の利用が減り、人が山の手入れをしなくなったために、シカの食害が増えるなど山の生態系に異変が生じています。

以下ではここで述べた特色のうち、主なものを検討していくことにします。

山国、日本

日本は国土の6割を山地と火山が占め、丘陵を加えると国土の7割強を占めるという世界有数の山国です。こんな国はスイス、ネパール、台湾、ニュージーランドぐらいなものでしょう。トルコやイランなども山国に見えますが、こちらはどちらかというと高原の国です。

地図帳で見る日本列島はほとんどが薄い茶色に塗られ、日本列島全体がひとつの山脈のように見えます。また北海道から九州までの山並みに南西諸島の1500キロを加えると全長は3500キロに達し、大きな山脈もしくは大きな島弧《とうこ》（花綵《はなづな》のように延びた島々の連なり）のようにも見えます。

しかしもう少し詳しく見ると、中学校の社会科地理で学んだように東北日本では北上《きたかみ》高地、奥羽山脈、出羽《でわ》山地という3列の山脈があり、西南日本では中国山地、四国山地という2列の山脈があります。また真ん中の中部日本には、日本アルプスを構成する3つの山脈が南北に走っており、山脈の配置はけっして単純ではないことが分かります。

地質学者がこうした山脈の配置と火山や島の分布、海岸線の走り方などを調べた結果、日本列島はひとつの単純な島弧ではなく、北から千島弧、東北日本弧、伊豆・小笠原弧、西南日本弧、琉球弧という5つの島弧の集合体であることが分かってきました（図11−1）。島弧の地形には規則性があり、それぞれの島弧の太平洋側には千島・カムチャツカ海溝、日本海溝、伊豆・小笠原海溝、南海トラフ、琉球海溝といった海溝があります。島弧と海溝はセットになっていて、その形成には関連が認められています。

最も典型的な東北日本弧を例にとると、日本海溝の底を連ねた線から島弧の縁までが200キロ、そこから100キロ西に火山が並ぶ火山フロントがあって、その位置は奥羽山脈の高まりに一致しています。太平洋プレートは日本海溝で地下に潜りますが、その深さが100キロに達した辺りでマグマが出来、それが地上に出て火山になります。八甲田山《はっこうださん》、岩手山、蔵王山《ざおうさん》、吾妻山《あづまやま》などはそうしたタイプの火山であり、別の列の火山が鳥海山《ちょうかいさん》や月山《がっさん》にあたります。

このように、火山はいわば基盤の高まりに肩車してもらったような形で山地の上に載っています。

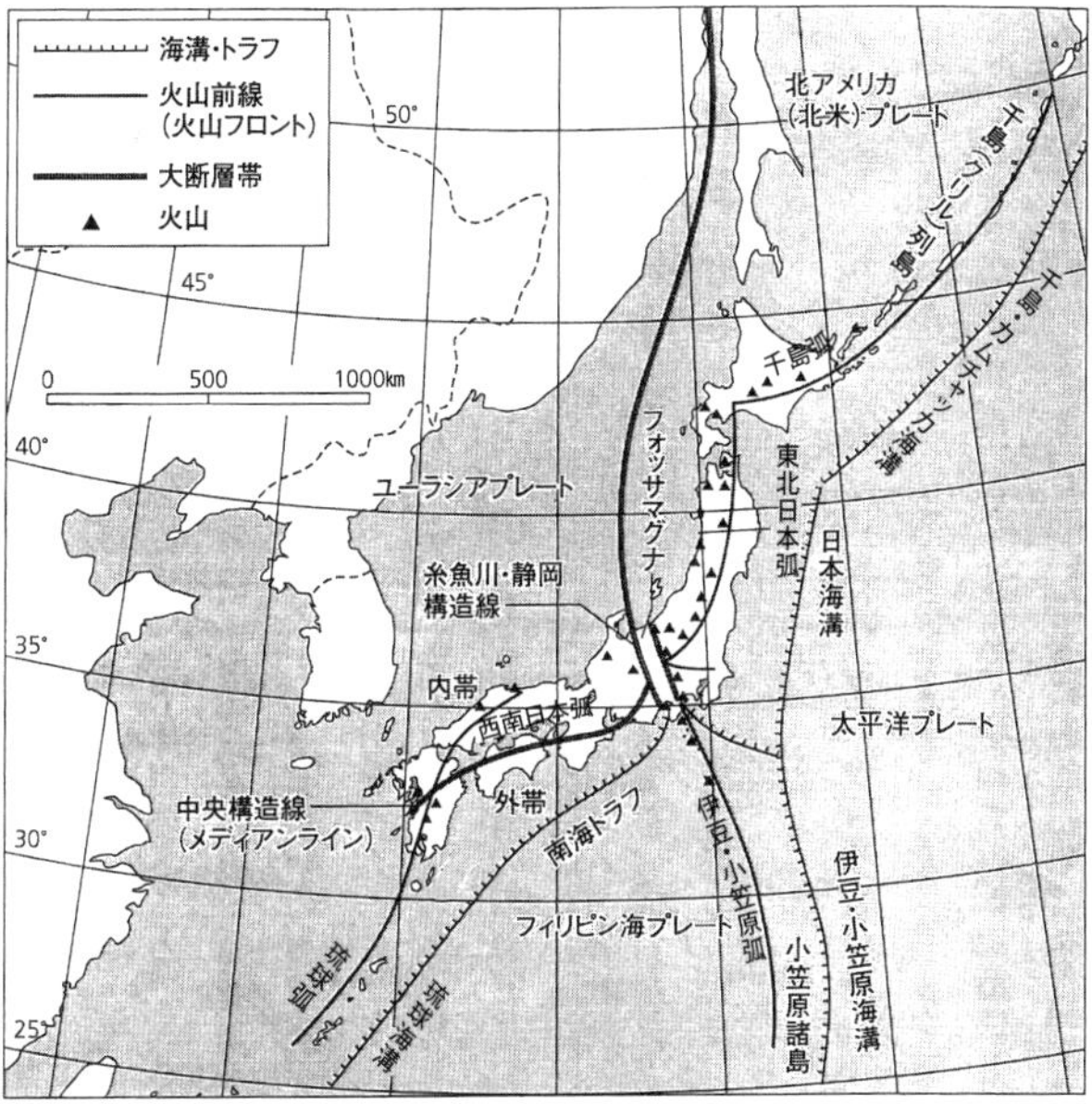

図11-1　日本の位置と地帯構造（水野、2016に加筆）

これは基盤岩《きばんがん》が横からの圧力で上に曲げられたときに背斜（地層が上に凸状に曲がった構造）の頂部にあたる地層が引き伸ばされるため、割れ目が出来てマグマがそこに侵入しやすくなるためだと考えられています。

一方、火山フロントより太平洋に近い北上高地や阿武隈《あぶくま》高地には火山は出来ません。西日本では同じ理由で関東山地や南アルプス、紀伊山地、四国山地が火山を欠いています。火山があるのは中国山地や九州の山地、それにトカラ列島付近の島々に限られています。奄美大島以南の南西諸島も火山がありません。

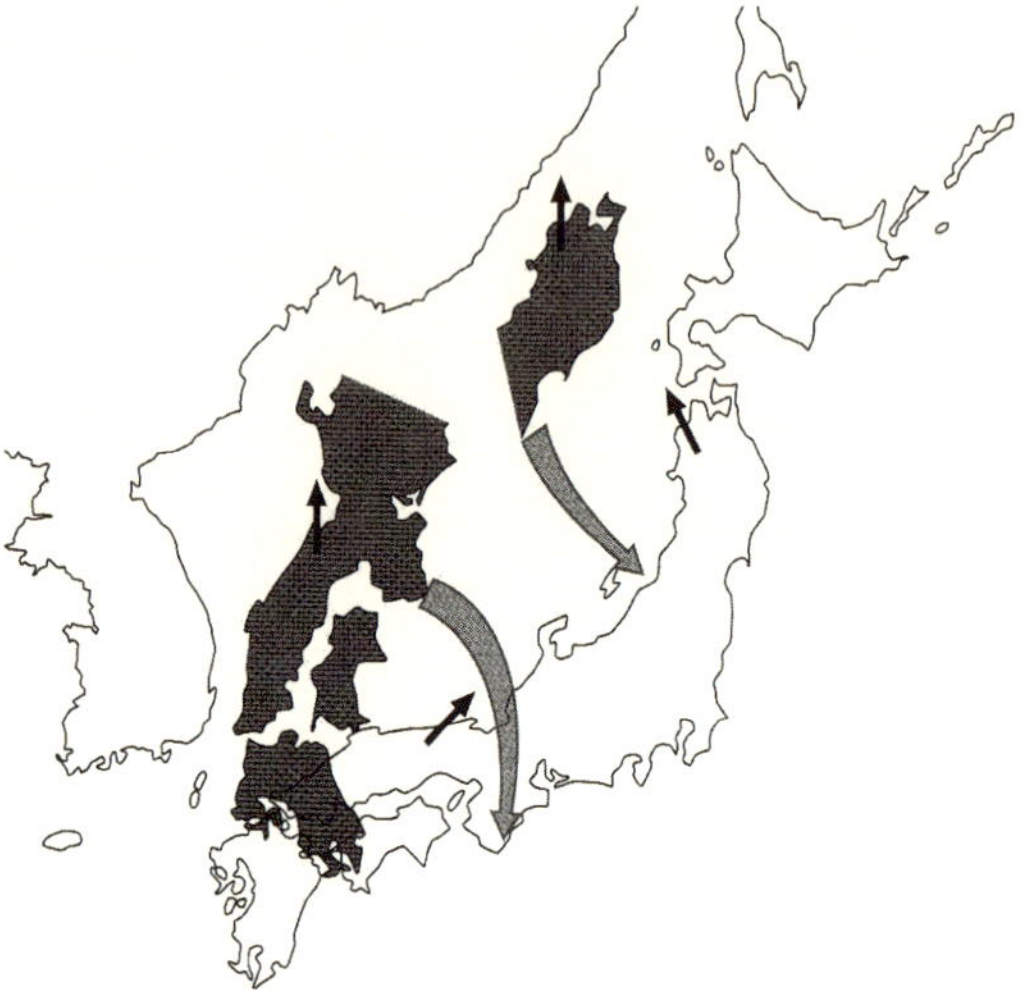

図11-2　日本列島の回転
黒い部分は古地磁気から復元された約2000万年前の日本列島の位置を示す（斎藤、1992年に加筆）

なお日本列島の歴史を見ると2000万年ほど前、列島は西日本島と東日本島に分かれており、朝鮮半島の東側に位置していました（図11-2）。その後、西日本は時計回りに、東日本は反時計回りに回転して、1500万年前に両者は合体し、日本列島の原形が出来ました。両者の境目がフォッサ・マグナです。

さて地図帳を改めて見ると、ところどころに薄い緑色で塗られた石狩平野、関東平野や濃尾平野、筑紫平野などの平野が広がり、山間地には松本盆地、山形盆地、上川盆地などの盆地が点々と存在します。わが国では居住や生産の場として重要な平地ですが、これを見ると平地は小さくあくまで山地の付録であることが分かります。日本列島はおよそ200万〜100万年前に各地の山地が隆起を始めましたが、隆起から取り残された部分が平野や盆地となり、豪雨の度に山から出てくる土砂がそこに堆積して平地をつくりました。沖積《ちゅうせき》平野では現在でも土砂の堆積が続いています。山間盆地では平地が段丘化しているところもたくさんあります。

日本の山の高さ

日本列島の山は火山である富士山（3776メートル）を除くと、最も高い日本アルプスの山々でも3200メートルを超えません。南アルプスと北アルプスには併せて10数座の3000メートル峰があり、北岳や穂高岳、槍ヶ岳、赤石岳、立山などがそれに該当します。しかし登山者に人気のある劔岳《つるぎだけ》や白馬岳、薬師岳、鹿島槍ヶ岳《かしまやりがたけ》、燕岳《つばくろだけ》、あるいは中央アルプスの最高峰である木曾駒ヶ岳などは3000メートルに届きません。火山では乗鞍岳《のりくらだけ》、御嶽《おんたけ》が3000メートルを超えますが、八ヶ岳や白山は3000メートル以下です。これ以外の山では関東山地の金峰山《きんぷさん》や甲武信ヶ岳《こぶしがたけ》、あるいは北関東の日光白根山や男体山《なんたいさん》が2500メートル前後の標高を示しますが、北海道や東北地方では最高峰でも2000メートルを辛うじて超える程度で、月山や朝日連峰のように有名な山でも2000メートルに達しません。また近畿地方以西では四国・石鎚山《いしづちさん》の1982メートルが最高で、2000メートルを超える山はもはやなくなってしまいます。

こうした2000メートル前後、あるいは3000メートル前後の山でも日本の山はけっこう険しく奥が深いので、麓から歩いて登るとなるとけっして楽ではなく、それ相応の労苦を強いられます。しかしながら世界を見渡すと、ヒマラヤ山脈やアンデス山脈をはじめ日本の高山よりはるかに高い山脈が多く、世界水準で考えると日本の高山は中山に、2000メートル前後の山々は低山になってしまいます。いささか残念なことにも思えますが、そのことによって日本の山の価値が下がるわけではありません。

日本の山々は足だけで歩いて登ることができる世界でも稀な山なのです。ヒマラヤ山脈やアンデス山脈の高峰は氷雪と岩壁の世界ですし、アルプス山脈の多くの峰は氷河に覆われているために登るにはザイルやアイゼンが必要で、一般の人は山頂に達することはできません。観光客はロープウェイやケーブルカー、リフトなどで展望台まで上がるか、なだらかな山麓でトレッキングを楽しむのが一般的です。槍・穂高や劔岳は日本では険しい山ですが、鎖やはしごを伝っていけば誰でも山頂に達することができます。

さて山の高さの違いはどのようにして生じたのでしょうか。

プレートテクトニクスに基づく説明によれば、地球の表層はそれぞれが異なる方向に移動する10数枚のプレートで構成されています。プレート同士が接する部分では互いに押し合う、ずれる、離れるといった動きが生じています。このうち大山脈の形成に関わるのは複数のプレートが押し合っているところで、たとえばヒマラヤ山脈は大陸プレートであるユーラシアプレートに同じ大陸プレートであるインド亜大陸が衝突し、ユーラシアプレートの下に潜り込んだために大陸プレートが2枚重なった形となり、8000メートル級の大山脈が形成されました。アルプス山脈は侵食が進んでやや低くなっていますが、同じ成因の古い山脈です。

ヒマラヤに並ぶ大山脈は南米のアンデス山脈で、7000メートル近い高峰が目白押しです。この山脈の場合は南アメリカ大陸プレートの下にナスカ海洋プレートが潜り込んで、そこにペルー・チリ海溝をつくり、そのすぐ東にアンデス山脈を起こしています。ここではペルー・チリ海溝が海洋プレートの始まりである東太平洋海嶺の海底火山に近いために、ナスカプレート自体がまだ熱を持っており、そのためアンデス山脈の地下の浅いところで次々にマグマが出来、それがアンデス山脈の底に張りついて浮力を与え（マグマのほうが密度が低いため）、山脈全体を高く隆起させていると考えられています。アコンカグアやワスカランなどの有名な高峰の大半は非火山性であり、チンボラソ、コトパクシなどの火山はところどころに噴出していますが、その数はけっして多くはなく、分布もコロンビアやエクアドルなどの北部アンデスに集中し、それ以外の地域の火山はごく限られています。

日本列島の場合はいささか複雑で、東北日本弧では海洋プレートである太平洋プレートが北アメリカプレートの下に潜り込み、それがさらにユーラシアプレートの下に潜り込むという形をとります。また西南日本弧の場合はフィリピン海プレートがユーラシアプレートの下に潜り込み、その下にさらに太平洋プレートが潜り込みます。

先に述べたように、東北日本弧では太平洋プレートが潜り込み、地下100キロぐらいでマグマが出来ますが、マグマの量は多くはなく、地表に噴出して火山は出来るものの山脈の下に張りついて全体を隆起させるほどの力はありません。日本列島を現在隆起させている原因は、インド亜大陸がヒマラヤの下に潜り込んで中国大陸を東に押し出し、その結果、日本列島は東西から圧縮の力を受けるようになったことがひとつ。これに加えて100万年ほど前に起こった伊豆半島の本州への衝突が直接の原因だろうと考えられています。要するに、隆起を引き起こしている最大の力は伊豆半島が関東山地の下に潜り込むことによって生じ、それによって南アルプスや中央アルプスは年に2～4ミリの速度で隆起することになりました。この速度が100万年継続すると2000～

4000メートルの山脈が出来る計算になりますが、その間に侵食もどんどん進みますから、結局2000〜3000メートル前後の標高の山脈になっているというわけです。

日本の山に高山植物がある理由

わが国では高山に登ればいろいろな高山植物に出会えますから、日本の山に高山植物があることを誰も不思議には思いません。しかし本当は日本の山に高山植物があるのは大変不思議なことなのです。前の節で述べたように日本の山はそれほど高くありませんし、北緯35度前後とかなり南に位置しています。そのために3000メートル級の山々ならともかく、2000メートル前後やそれ以下の山で高山植物があるというのは本来ならあり得ないことなのです。この不思議の謎解きをしてみましょう。

シラビソやオオシラビソから成る亜高山針葉樹林の上限を森林限界と呼びます。世界的に見るとその高度は7月（最暖月）の月平均気温10℃の線に一致するとされています。かつて乗鞍岳で気象観測が行われていたことがあり、そのデータからこの高度を計算したところ2870メートルとなりました。つまり気温から推定する限り、北アルプスの南部ではこのぐらいの高度まで亜高山針葉樹が生育可能だということです。

ところがわが国では亜高山針葉樹林帯の上にハイマツという低木が繁茂しています。ハイマツの生育限界は、それが北岳の山頂部にもあることから考えると3200メートルを超えてしまいそうです。つまり気温から考える限り2870メートルぐらいまでは亜高山針葉樹林が、3200メートルぐらいまではハイマツが優占することになります。この通りなら日本の高山は山頂まで森林とハイマツに覆われ、高山植物は生育する余地がなくなってしまいます。もし本当にそうなっていたら日本の山は森林とハイマツしかないまことにつまらない山になり、登る人もずっと少なくなっていたことでしょう。

ではなぜそうならなかったのでしょうか。原因は冬の強風と多雪にあります。あまり知られていませんが、日本列島は高層気象の700ヘクトパスカル面（標高約3000メートルに相当）での風速が1月の平均で21メートルと、世界で一番強くなっています（131ページ、図7-1）。その理由は2つあります。ひとつはシベリアの高気圧から南に向けて吹き出す低温の風がチベット高原やヒマラヤ山脈に遮られるために、方向を変えて日本海の方に吹き出すということです。これが冬の季節風にあたり、日本海側の山地に多雪をもたらしていることはご存じでしょう。

もうひとつはジェット気流です。中緯度の上空には大きく蛇行しながら流れているジェット気流がありますが、ヒマラヤ山脈にぶつかると2つに分かれて一部は南に迂回し、その後、再び北に戻ってきます。そして本流に合流する場所が日本列島の上空なのです。こうして日本の上空は世界一風の強い場所になったのです。

私の知り合いの皆さんが実際に木曾駒ヶ岳本峰と中岳の鞍部で冬季に観測してくれましたので、そのデータを見せてもらったところ、ひと冬に何回も秒速50メートルを超える猛烈な風が吹いたことが分かりました。平均風速が秒速21メートルといっても、実際にははるかに強い風が吹いているのです。冬山の登山体験がある人は理解できると思いますが、こんな風に遭遇したら私たちはテントごと吹き飛ばされてしまいますし、歩くこともできず遭難の恐怖を味わうことになります。

ところがこうした猛烈な風のせいで稜線の雪は吹き払われてほとんど溜まらず、吹き払われた雪は風背《ふうはい》（風を受けない）側の斜面に堆積してそこに雪庇《せっぴ》をつくります（写真11-1）。雪庇は出来た場所が急傾斜の場合、雪崩になって次々に落下するので、谷底には膨大な雪の堆積を生じます。この雪庇や雪崩で堆積した雪は最大で厚さ30～50メートルに達することがあり、雪田や谷を埋める雪渓をつくります。これが残雪で厚いものは夏から秋まで残り、夏山で私たちを楽しませてくれます。中には越年する残雪も少なくありません。白馬岳、剱沢、針ノ木岳の雪渓は日本三大雪渓とも

11-1　雪庇起源の残雪（飯豊山）

呼ばれますが、飯豊山や越後三山など多雪山地の谷間にもこれに勝るとも劣らないみごとな雪渓があります。残雪は日本の高山ではごくありふれたものですが、世界的に見ると分布は強風、多雪といった条件がそろった中緯度の高山に限られており、かなり珍しいものです。

さて、吹きさらしと吹き溜まりの起こる場所では針葉樹もハイマツも生育できないので場所が空き、そこに風衝地《ふうしょうち》の植物群落や風背側の雪田周辺を好む植物群落が初めて分布可能になります。この吹きさらしと吹き溜まりが原因になって生じる植生分布を「山頂現象」、あるいは「山頂効果」と呼んでいます（図11－3）。低温と雪、強風にさらされる冬山の環境は厳しく、ときに遭難を引き起こすこともあるので恐れられることが多いのですが、私たちは冬の強

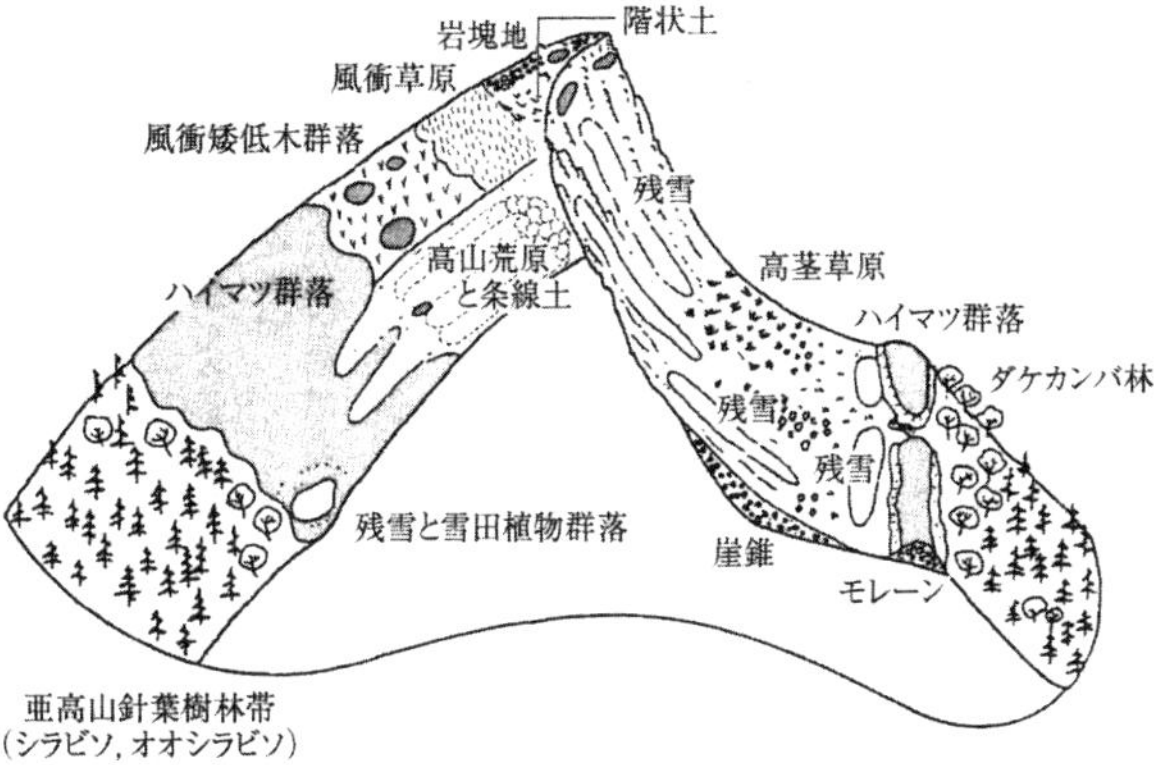

図 11-3　山頂現象

風と多雪があるからこそ高山植物が分布しているのだということを理解すべきでしょう。

一方、日本の山は夏にはかなり高温になりますが、そのおかげで高山植物も生育できるようになっています。日本アルプスなどの稜線の東側にはハクサンイチゲやシナノキンバイ、ミヤマキンポウゲ、トリカブト類などから成る「お花畑」がありますが、これは雪解けがある程度遅れる場所に出来る高茎草原《こうけいそうげん》と呼ばれる群落で、夏の高温をフルに活かすことによって丈の高い群落になっています。この例のように、私たちは冬の風や雪と同様に夏の高温にも感謝すべきだということになります。

複雑な地質の影響

日本列島は地質の博物館と呼ばれるほど、こまごました複雑な地質から出来ています。1970年ごろまでは、山の岩石はそれがあるまさにその場所で出来たものだと誰もが考えていました。しかしプレートテクトニクスの登場でそれは間違いで、日本の地質の大半は南太平洋辺りのはるか彼方の深海から運ばれてきたさまざまな時代の玄武岩や石灰岩、チャートなどに、日本海溝の底などで堆積した砂や泥が加わって出来たものであることが分かってきました。実際にはこれにいろいろな時代の火山の噴出物や花崗岩などが加わりますので、地質図はきわめて複雑なものとなります。

高山では地質が異なると地形に違いが生じ、それが植生分布にまで反映します。写真11-2は北アルプス白馬岳の山頂から1キロほど北へ下りたところの西側斜面を写したものです。中央の白く細かい岩屑《がんせつ》が覆う部分は植物が乏しく、手前と白い岩屑斜面の先の岩は黒く植被《しょくひ》がよく着いています。

この極端な植被の違いがなぜ生じたのでしょうか。こういう場合、かつては岩石の化学成分の違いで説明しようとし、世界的にはまだその感覚が残っています。しかしこの斜面の植被の違いは岩石の割れ方の違いに原因があります。白い岩（流紋岩《りゅうもんがん》）の基盤が稜線部に現れており、それを見る

11-2　白馬岳西斜面の地質境界

とひびがたくさん入っていて、現在の気候でも容易に破砕され細かい岩屑を生産していることが分かります。出来た岩屑は次々に移動するために植物はコマクサやウルップソウ、タカネスミレなど、岩屑の移動に耐えられるごくわずかの種類しか生育できません。実際、白い色の岩屑斜面では生育する植物の姿をほとんど見ることができません。一方、両側の黒っぽい岩石は美濃帯《みのたい》の砂岩や泥岩、頁岩《けつがん》で、氷期には割れて粗大な岩屑を生産しましたが、現在は安定して植物の生育が可能になり、そこに密な風衝草原が出来ています。なお左奥に見える白い山は鉢ケ《はちが》岳《たけ》、その手前右の山は鉢丸山《はちまるやま》で、中景の白い岩と同じ流紋岩から成り、コマクサやオヤマソバの群落が出来ています。白馬岳ではこのように地質と植生の関係が明瞭に分かります。皆さんも地質に注意しながら植生を見てください。いろいろな発見があるはずです。

火山と火山植生

日本の山岳美を代表するもうひとつの要素は火山です。火山も多様性がきわめて高くいろいろなタイプがあります。富士山や浅間山のように均整のとれた成層火山があるかと思えば、屈斜路《くっしゃろ》や阿蘇山のようなカルデラ、霧島山や八甲田山のようなたくさんの峰から成る火山もあります。十和田湖のようなカルデラ湖や火口湖も各地にあります。大雪山の高根ヶ原《たかねがはら》や立山の弥陀ヶ原《みだがはら》のような、広大な火砕流《かさいりゅう》台地や溶岩台地もあります。月山や暑寒別岳《しょかんべつだけ》、苗場山のようになだらかな山頂や斜面に湿原を載せる火山も、東北、北海道を中心に各地に見られます。浅間山や阿蘇山などはつねに噴煙を上げていますし、明治以降に噴火した山は十勝岳、北海道駒ヶ岳、蔵王山、吾妻山、磐梯山、那須岳、草津白根山、御嶽、伊豆大島、三宅島、霧島山など30余りを数えます。

また日本には33の国立公園がありますが、その3分の2に火山があります。大雪山、阿寒、支笏洞爺、十和田八幡平、磐梯朝日、日光、上信越高原、妙高戸隠連山、富士箱根伊豆、白山、大山隠《だいせんお》岐《き》、阿蘇くじゅう、霧島錦江湾などの国立公園が該当し、わが国の美しい風景の中で火山の占める割合がいかに大きいかがよく分かります。一方、火山がない国立公園は釧路湿原や三陸復興、南アルプス、伊勢志摩、西表石垣、小笠原などわずか11に過ぎません。

いわゆる日本百名山のうち47座は火山が占めています。北海道と東北ではこの比率が特に高く、北海道では9山中8、東北では15山中11が火山です。火山には富士山や大雪山をはじめとして、八甲田山、岩手山、鳥海山、月山、浅間山、御嶽、白山、大山、阿蘇山など全国的な名山が多いのが特色です。

火山はときに噴火して大きな被害をもたらします。浅間山の天明の大噴火（1783年）や1888年（明治21年）の磐梯山の大崩壊はその顕著な事例です。近年では伊豆大島や三宅島、御嶽などで被害が出ました。しかし噴火の多くは一過性で、その後には風光明媚な風景や温泉、特異な火山植生などを残してくれます。浅間山の天明の大噴火では鬼押出しの奇岩、磐梯山の崩壊では裏磐梯の湖沼群が生まれました。

火山が噴火すると周囲に溶岩流や火砕流が流れたり、あるいはスコリアやパミス（軽石）、火山灰が落ちて堆積したりします。薄い火山灰層の場合は風に吹かれたりしてどこかに散乱することもありますが、それ以外の溶岩や火砕流、スコリアに覆われた場所は植被が破壊され無植生地になってしまいます。その面積は噴火の規模を反映しており、数十メートル四方程度の小さいものから、大きいものでは九州の大部分を焦土と化した約9万年前の阿蘇4火砕流や、2万9000年前に南九州を覆い尽くした姶良《あいら》火砕流があります。それほど大きくないものでは富士山の青木ヶ原溶岩（864年）や桜島の大正溶岩、十勝岳の泥流、伊豆大島や三宅島の溶岩などがあります。

ただ噴火に伴う荒れ地では時間とともに植生が回復し、最後は森林に戻っていきます。青木ヶ原溶岩は現在ではツガやヒノキ、ハリモミなどの針葉樹とミズナラなど広葉樹が混じった森に覆われ、磐梯山、浅間山、桜島などでもアカマツ林が回復し、火山植生の分布は減少しつつあります。

特殊なケースですが、槍・穂高連峰の主要部をつくる岩石が176万年前に噴出した溶結凝灰岩《ようけつぎょうかいがん》であることも明らかになりました。信州大学の地質学者・原山智《はらやまさとる》さんが解明したことですが、これは176万年前に存在した巨大なカルデラの内部を埋めるように、噴出した火砕流堆積物が固まったもので、その後の侵食でカルデラの内部構造が断面として現れ、現在の槍・穂高連峰の地形をつくったのだと言います。なんとも壮大な物語で、こういう話を聞くと日本の山の生い立ちにはじつにさまざまなものがあることに驚かされます。

谷の形成と河川の働き

山地は隆起によって高まりをつくりますが、それと同時に侵食にさらされるようになります。日本列島の山地では活発な地殻変動の影響を受けて岩石が脆くなっていて、もともと侵食されやすい性質を持っているのですが、これに加えて一年を通じて降水量が多い上、夏は気温が高く冬は低温にさらされるために、岩石の風化が進みやすいという特徴を持っています。その結果、山地は断層が入って岩盤が破砕されたようなところや湧水があるようなところから侵食が始まります。雨水や川の侵食で出来た溝状あるいはV字型の地形を谷と呼びます。谷は最初小さく、底を流れる水流も小さいものですが、次第に深く大きなものに変化し水量も増えてきます。そして小さい谷は大きな谷に合流し、その谷はさらに大きな谷に合流するといった具合で、川の流れは全体として「水系」を形成します。また水系は山や丘陵の稜線に境が出来るので（これを「分水界」と言います）それぞれまとまりが出来ますが、それを「流域」と呼びます。

日本の山地では水系がよく発達しています。水系は下流側から見ると枝を大きく張ったケヤキのように幹から大枝、小枝、さらに小さい枝へと細かく分かれていきます。そのために河川の上流では細かい谷がよく発達します。

ただ川は普段は流れているだけで侵食も堆積もほとんどありません。山地で実際に侵食が進むのは豪雨のときです。豪雨があると山では崩壊が起こり、土石や抜けた木が水と一緒になって流れ始めます。これを土石流といいますが、土石流は渓床の堆積物を巻き込んで流れるために岩をたくさん含むようになります。これが秒速数メートルから数十メートルというスピードで移動するわけですから、渓床や斜面下部を削り取ってしまいます。これが侵食作用です。豪雨のときの川は茶色く濁り増水して勢いも強く、土砂を下流に運びます。下流は傾斜がなだらかになりますので土砂は堆積します。この繰り返しによって出来た地形が扇状地や沖積平野です。

ところで私たちは日本の山を見慣れていますので、こうした山の形を普通だと思っていますが、けっして普通ではありません。砂漠には砂漠の地形がありますし、氷河は氷河で独特の地形をつくり出します。また熱帯雨林地域では岩石が風化作用によって深部まで粘土化してしまうため、たまに崩壊が起こっても礫や岩塊は出てきません。このために河川の侵食力は弱く、アフリカ中部のコンゴ盆地辺りではいったん出来た滝はなかなか消滅しないことが知られています。日本のように温帯の気候であっても、山の形は起伏の大きさや傾斜、雨の降り方、岩石の種類などによって大きく異なってきます。

じつは私が日本の山の形が「普通でない」ことに気づいたのは1974年、海外調査でレバノン

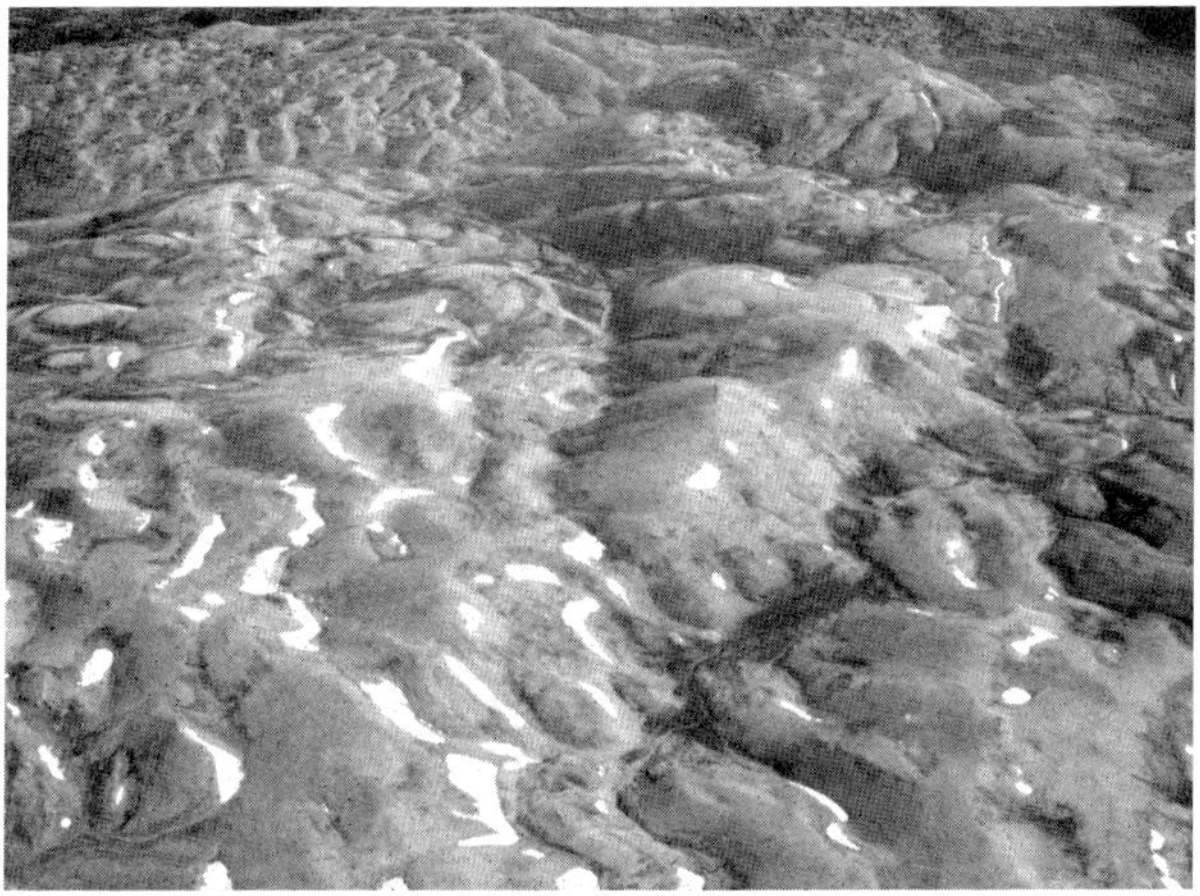

11-3　レバノン山脈の山頂部

山脈を訪ねたときのことです。大学院博士課程4年のとき、東大の人類学教室が中心になった海外調査をシリアの砂漠とレバノン山脈で行うことになり、私も隊員として半年ほど出かけました。当時の人類学界では5～6万年前、イスラエルやシリア、レバノン辺りで、ネアンデルタール人から現生人類が誕生したと予想しており、そのころの自然環境（特に気候や地形、植生）の復元をすることが私たちに与えられた課題でした。

このとき私はレバノン山脈を初めて見たのですが、日本の高山とあまりにも違うので愕然としました。写真11-3はレバノン山脈の山頂部です。脳みそみたいに見えますが、これで標高は3000メートルあります。緯度は南アルプスとほぼ同じ約34度ですから、日本の山と地形などを比較するのに適した山

11-4　中腹から始まる川

11-5　わずかに残ったレバノンスギの森

だと考えました。山頂部は片や脳みそのような地形、一方の日本の山はとんがっています。どうしてこんな違いが出てきたかというと、レバノン山脈は石灰岩で出来ているために地下にカルスト地形の鍾乳洞がつくられて、山頂部に降った雨や雪解け水はドリーネの底から地下に入り込んでしまい地表に川が出来ないのです。穴から入った地下水はどうなるかというと、山の中腹から突然、湧水となって出るのです（写真11-4）。そしてその後、そのまま深い谷をつくって地中海に注ぎます。

日本の川の場合、上に行けば行くほど谷が分かれますが、レバノン山脈では支流はせいぜい2つ3つぐらいしかありません。湧き水のあるところまで行くと崖になっていて川は急に終わります。まったくとんでもない川です。こういう変な山や川を見て、私は逆に日本の山の特色が分かった気がしました。

レバノン山脈は石灰岩で出来ていますから、風化や侵食で各地に面白い景色が出現しています。日本なら景勝地となって茶店ぐらいありそうなところも多いのですが、誰もそれを見ようとはしません。そういう文化がないということなのでしょうね。登山という文化もないので山に登る人はゼロです（遊牧民がいるだけ）。

ここでは立派なレバノンスギを見ました。海抜1500メートルほどのところです。レバノンの国旗にもなっている堂々とした立派な木なのですが、じつはもうほんのわずかしか残っていません（写真11-5）。周りは荒れ地になっています。一帯にかつてレバノンスギの森があったことは間違いないのですが、伐採した後、再生してくれないのでこのようになってしまいました。ここは地中海性気候地域で、冬の必要でないときに雪はたくさん降るのですが、夏の一番大事なときに雨が降ってくれません。また石灰岩は風化しにくいので土壌がなかなか出来ず、いったんなくなると再生が利きません。植物にとって非常に間が悪い気候と地質なのです。

氷期に出来た斜面

すでに述べたように、氷期には日本アルプスや日高山脈、飯豊山などに氷河が懸かり、カールやモレーンなどを形成しましたが、氷期の高山でも雪の吹き払われる斜面では凍結により基盤が大きく破砕されて岩塊を生産し、それが移動して岩塊斜面（写真11-6）をつくり出しました。岩塊斜面は中央アルプスや北アルプスの水晶岳、剱岳など花崗岩の地域によく発達します。

一方、北海道の北部や東部、北上高地の北部のように氷期にも雪が少なかった寒冷地域には、周

11-6　岩塊斜面（中央アルプス木曽駒ヶ岳）

11-7　周氷河性波状地（北海道宗谷丘陵）

11-8　構造土（提供 丹治茂雄氏）

氷河地形の一種である周氷河性波状地《しゅうひょうがせいはじょうち》（写真11-7）が出来ました。周氷河地形とは氷河周辺の寒冷地域に出来る地形のことで、岩塊斜面や構造土（写真11-8）、周氷河性波状地などがこれに該当します。

周氷河性波状地は岩が硬いところに出来る岩塊斜面とは異なり、新第三紀の泥岩地域のような軟らかく割れやすい岩石の分布地に出来やすい傾向があります。出っ張った部分は凍結破砕作用で壊され、生じた岩屑が窪みに当たるために凹凸がならされ、なだらかでのっぺりした斜面が出来ました。しかし氷期が終わると水流による侵食が始まり、地形輪廻の始まりである幼年期地形のような様相を呈します。珍しく面白い地形ですから、宗谷丘陵やオホーツク海沿いに行く機会があったらぜひご覧ください。

文献

斎藤靖二（1992）『日本列島の生い立ちを読む』岩波書店
水野一晴（2016）『気候変動で読む地球史』NHKブックス

おわりに

最後までお読みいただきありがとうございました。この本は内容がややアカデミックなので好奇心の旺盛な人にとっては易しいけれど、そうでない人にとってはけっこう難しい本だったのではないかと思います。でもこんな登山の仕方もあるのかと、思考を柔軟にするのに少しはお役に立てたのではないかと思います。

今年（２０１６年）から「山の日」が始まりました。私も山の研究者の端くれですから「山の日」の制定はうれしいことです。これがきっかけになって国民の目が山に向き、登山者が増えて山や自然の価値が改めて見直されるのではないかと期待しています。

10年ほど前の山には中高年の登山者ばかりが目立ち、彼らが歳をとって登山をやめたら日本の登山文化も終わってしまうのではないかと思われるほどでした。しかし最近では鮮やかな服装の若い登山者も増えて山は再び賑やかで華やかになりつつあります。山好きの一人として大変うれしく思っています。ここ数年、登山ブームが続いているようで大勢の人が山頂を目指します。外国人の姿もよく目にするようになりました。富士山の世界遺産登録効果もあるようです。

いいことずくめのようですが私はいくつかの危惧を感じています。私が今、最も心配しているのは外国人登山者の行動です。日本人の場合は団体行動に慣れていて、チームで登る場合は集団で行動し一人一人が勝手に行動することはありません。しかし韓国や中国、台湾辺りから来る人は、同じバスで来ても基本は個人行動でみんなが勝手に動き回ります。リーダーという人もいるのですが、その人自身が勝手に行動しメンバーのことを見てはいません。日本の山は美しくそれぞれに個性や険しさもあるので、近隣の国からの人たちにとっては本当に魅力的なのでしょう。ただ困ったことに、今まで高い山に登った体験がないのか山の危険性についての認識がほとんどありません。また地形図を持っている人もほとんどいません。夏山で天気の穏やかな日ならあまり問題は起こりませんが、ときには天候が急変してひどい風雨に襲われることもあります。また秋山の場合は突然雪に降られることもあります。こういうときはきわめて危険で下手をすると遭難しかねません。したがって日本アルプスを縦走しようとする場合などには、必ずガイドをつけて個人行動はしないようにルールを決めるべきでしょう。私たちが外国の高山に登ろうとするときには通常、ガイドをつけることが義務づけられています。日本アルプスを抱える長野県や岐阜県などの県が条例を定めればいいのか、国レベルで対処するべきか私には判断できませんが、ガイドの義務化を急ぎ進めるべきだと考えます。

何年か前に中央アルプスの縦走路で、天候の悪化が原因である国のグループ登山の人たちが遭難し何人かが亡くなったことがあります。報道によればこのとき、先頭と最後の人では5キロも離れていたといいます。日本人には考えられない事態です。また当然ながら救助隊が出て救助にあたったのですが、費用を請求された遺族が救助を頼んだ覚えはないと当初支払いを拒否したそうです。最終的には支払ったそうですが、今のまま放置すれば似たようなことがまた起こるでしょう。早急にルールを決めることが必要です。

富士山も世界遺産になってから困った登り方をする人が多くなりました。何はともあれ世界遺産になったのだからと登りたくなるようです。特に夏などTシャツに短パンという、街中を歩くような格好で登ってくる若者を見かけます。五合目の駐車場に車を置いてそのまま上がって来たのでしょう。雨具も持たずに登ったために、急な雨に打たれながら寒そうに歩いている青年を見かけたことがあります。夏だからいいものの、天候がもっと悪化したら遭難してしまうのではと心配になるほどです。いくら富士登山が流行でも高山はやはり危険な場所です。山の天候に対してあまりにも無知では危険を招きます。富士山や山全般の自然について少しは勉強してから登ってほしいと思います。

私が危惧する2番目はいわゆる「百名山病患者」です。これについてはすでに何回も書いていますのでこれ以上は書きませんが、退職した後ぐらい数を気にせずにゆったりと山を歩いて自然を楽しんでほしいものです。

いわゆる標準タイムよりいかに早く登れたかを競う人たちも同様です。この人たちも時間の短縮ばかりに気を取られ、自然をほとんど見ることがありません。登山はスポーツでもあるので仕方がない面もありますが、皆さんの周りにもこういう方は多いのではないでしょうか。私の周りにも「俺も若いころは時間の短縮にばかり熱中して、ちっとも自然を見ていなかったなあ」と反省している方がけっこういます。

また最近はやりのトレイルランニングはゆっくり歩く一般登山者の迷惑になっており、山を荒らすことにもつながっています。私個人としては早くやめてもらいたいと考えています。

3番目の危惧はツアー会社にすべてお任せという人たちです。ツアー登山は費用を安くするために日程を圧縮し、結果的にかなり無理な計画になっていることが多いようです。このために体力のない人はガイドについて行くのがやっとで、自然に目を向けたり自然を楽しんだりするどころではありません。

3年ほど前になりますが、私は仲間たちと飯豊山《いいでさん》に登っていました。福島県喜多方市の山都《やまと》からのコースで、その日は稜線に出て途中の切合《きりあわせ》小屋で泊まった後、翌日は山頂を越えて御西岳《おにしだけ》付近までを観察して切合小屋に戻り、その翌日に山都に下山する予定でした。

主稜線に出て三国小屋を過ぎた辺りで私たちを追い越していくグループがありました。ツアー会社の主催する登山に参加した5、6人のグループでしたが、ガイド以外は皆疲れた表情でそのうちの一人はもうヨレヨレです。気になったので今日はどこまで行くのかとたずねたら、山頂の手前の飯豊本山小屋だと言います。まだまだ先です。予定を聞くと飯豊本山小屋に泊まり、翌日頂上に登ってそのまま下山すると言います。この日登った標高差はすでに1500メートルを超え、この先さらにいくつものピークを越えなくてはなりません。私たちが3日かける行程を2日で済ませてしまうわけですからきついのも当然ですが、苦しそうに登るツアー参加者を見ていて正直かわいそうになってしまいました。こんな登り方をしていては苦しいだけで、山の楽しさを味わうどころではないでしょう。

「もう少しゆっくり山の景色や植物を見たりしながら歩くわけにはいかないものでしょうかねえ、あれではほとんど苦行でしょう」と仲間に話したら、「ツアー会社もお客もとにかく安さを求めるからこうなってしまうんでしょうね」という答え。「うーむ、そうですか、困りましたねえ。でも何か変だよ。安さも大事だろうけど皆さん一番大事なことを忘れているのではないのだろうか。飯豊山のような日本有数の美しい山に登るのにこんなもったいない登り方はないだろう。ゆっくり登れば本当に楽しいのに」。私はついそう呟いていました。お金も大事だがもう1泊追加すれば山登りがどれだけ楽しくなるか。お客もツアー会社に任せっぱなしでなく、ぜひ考えてほしいと思ったのです。

2009年7月、北海道のトムラウシ山で悪天候のために多くの人が亡くなりました。この場合もそうですが、ツアー登山は日程に余裕がないために悪天候でも無理して行動することが多いようです。これでは下手をすると遭難につながりかねません。登山の場合、安ければいいというものではなく、ある程度の余裕が必要です。昨今はツアー登山の世界も過当競争になっているようですが、少し高くても安全や自然観察の充実を売り物にしたツアーがあってもいいように思います。登山者もそういうツアーを選ぶべきだし、ツアー会社はもっと安全を考えるべきでしょう。仲間内で計画して登るような工夫も必要だと思います。

「おわりに」なのでもう少し楽しい話をするはずがついつい愚痴と苦言になってしまいました。山はいつまでもそこにあります。無理な登山をせずに悠々と知的登山を楽しみましょう。私が本当に言いたかったのはこのことです。どうかよろしくお願いします。

小泉武栄

小泉武栄（こいずみ　たけえい）

1948年長野県飯山市生まれ。東京大学大学院博士課程単位取得。理学博士。東京学芸大学教授を経て現在、名誉教授。専門は自然地理学、地生態学。高山や極地の植生分布と地形、地質、自然史との関わりを主に研究してきた。著書に『山の自然学』（岩波新書）、『日本の山はなぜ美しい』（古今書院）、『自然を読み解く山歩き』（JTBパブリッシング）、『ここが見どころ 日本の山』（文一総合出版）、『登山と日本人』（KADOKAWA）、『日本の山と高山植物』（平凡社新書）などがある。

「山の不思議」発見！　YS033

2016年12月15日　初版第1刷発行

著　者　小泉武栄
発行人　川崎深雪
発行所　株式会社　山と溪谷社
〒101-0051
東京都千代田区神田神保町1丁目105番地
http://www.yamakei.co.jp/
■商品に関するお問合せ先
山と溪谷社カスタマーセンター
電話　03-6837-5018
■書店・取次様からのお問合せ先
山と溪谷社受注センター
電話　03-6744-1919／ファクス　03-6744-1927

印刷・製本　図書印刷株式会社

定価はカバーに表示してあります

Printed in Japan ISBN978-4-635-51043-1